A++

Die kleinste Programmiersprache der Welt

Georg P. Loczewski

A++
Die kleinste Programmiersprache der Welt

Eine Programmiersprache zum Erlernen der Programmierung

Mit einer Einführung in das Lambda-Kalkül

www.tredition.de

IMPRESSUM

Copyright ©2018 Georg P. Loczewski
A++ : Die kleinste Programmiersprache der Welt

1. Auflage 2018 – Hamburg
tredition GmbH

ISBN
978-3-7469-3098-5 (Paperback)
978-3-7469-3099-2 (Hardcover)
978-3-7469-3100-5 (e-Book)

Verlag & Druck: tredition GmbH

Bei der Zusammenstellung von Texten und Abbildungen wurde mit größter Sorgfalt vorgegangen. Trotzdem können Fehler nicht vollständig ausgeschlossen werden. Verlag, Herausgeber und Autoren können für fehlerhafte Angaben und deren Folgen weder eine juristische Verantwortung, noch irgendeine Haftung übernehmen. Für Verbesserungsvorschläge und etwaige Hinweise auf Fehler sind Verlag und Autor dankbar. Die gewerbliche Nutzung der in diesem Produkt gezeigten Modelle und Arbeiten ist nicht zulässig.

Das Werk einschließlich all seiner Teile ist urheberrechtlich geschützt. Jede Verwertung außerhalb der engen Grenzen des Urheberrechtsgesetzes ist ohne Zustimmung des Verlages unzulässig und strafbar. Das gilt insbesondere für Verfielfältigungen, Übersetzungen, Mikroverfilmungen und die Einspeisung, Verarbeitung und Verbreitung in elektronischen Systemen.

Meiner Frau Ursula
und meinen Söhnen Thomas und Johannes
in Liebe gewiedmet

Inhaltsverzeichnis

	Vorwort	xi
1	**Einführung**	**1**
	1.1 Konstitutive Prinzipien in A++	1
	Abstraktion	1
	Referenz	2
	Synthese	2
	Closure	2
	Lexical Scope	3
2	**Sprachdefinition**	**5**
	2.1 Syntax und Semantik von A++	5
	Anmerkungen zur Syntax:	5
	2.2 Beispiele zur Syntax von A++	6
	Beispiele zur Abstraktion 1. Alternative in 2.2	6
	Beispiele zur Abstraktion 2. Alternative in 2.2	6
	Beispiele zur Referenz 2.3	6
	Beispiele zur Synthese 2.4	6
	2.3 A++ Erweiterung	8
	Syntax von A++ mit vorgegebenen Primitiv-Abstraktionen	9
	Beispiele zu den Erweiterungen in A++	9
3	**Erste Entfaltung von A++**	**13**
	3.1 Programmierstil in A++	13
	3.2 Grundlegende Logische Abstraktionen	13
	Abstraktionen 'true' und 'false'	13
	Abstraktionen 'lif'	14
	3.3 Erweiterte Logische Abstraktionen	14
	3.4 Numerische Abstraktionen	15
	Abstraktion für die Zahl '0'	15

	Abstraktion für die Zahl '1'	15
	Abstraktion für die Zahl '2'	15
	Abstraktion für das Prädikat 'zerop'	16
	Abstraktion für die Zahl '3'	16
	Utility-Abstraktion 'compose'	16
	Abstraktion für die Addition	16
	Abstraktion für die Inkrementierung	17
	Abstraktion für die Multiplikation	17
3.5	Abstraktionen für Listen	17
	Abstraktion für den Konstruktor	17
	Abstraktion für den Selektor 'lcar'	18
	Abstraktion für den Selektor 'lcdr'	18
	Anwendung der grundlegenden Operationen für Listen	18
	Abstraktion für das Ende einer Liste	18
	Abstraktion für das Prädikat 'nullp'	19
	Abstraktion für die Längenabfrage	19
	Abstraktion zum Entfernen eines Objektes aus einer Liste	19
3.6	Erweiterte Arithmetische Abstraktionen	20
	Abstraktion für 'zeropair'	20
	Abstraktion für die Dekrementierung	20
	Abstraktion für die Subtraktion	21
3.7	Relationale Abstraktionen	21
	Abstraktion für das Prädikat 'gleich'	21
	Abstraktion für das Prädikat 'größer als'	21
	Abstraktion für das Prädikat 'kleiner als'	21
	Abstraktion für das Prädikat 'größer gleich'	22
3.8	Funktionen Höherer Ordnung	22
	Abstraktion 'compose'	22
	Abstraktion für die 'curry'-Funktion	23
	Abstraktion für die Abbildung einer Liste	23
	Abstraktion für die 'curry map'-Funktion	23
	Abstraktion für die Auswahl aus einer Liste	24
	Abstraktion für die Suche nach einem Objekt in einer Liste	24
3.9	Mengen-Operationen	25
	Abstraktion für das Prädikat 'memberp'	25
	Abstraktion für das Hinzufügen eines Elementes	25
	Abstraktion für die Vereinigung von Mengen	26

4	**Erste Anwendung von A++**	**27**
4.1	Utility-Abstraktionen	27
	Abstraktion für das sortierte Einfügen in eine Liste	27
	Abstraktion für die Sortierung	27
4.2	Rekursion	28
	Abstraktion für die Berechnung der Fakultät	29
	Abstraktion für die Summation	29
	Abstraktion für den Zugriff auf ein Element einer Liste	29
	Abstraktion für die Iteration über die Elemente einer Liste	30
4.3	Imperative Programmierung in A++	30
	Die Abstraktion 'while' in A++	31
5	**Objekt-Orientierte Anwendung von A++**	**33**
5.1	Einleitung	33
	Bildung von Klassen	33
	Instanzen von Klassen	33
	Beispiele für Objekt-orientierung in A++	34
5.2	Erstes Beispiel zur Objektorientierung in A++	34
	Konstruktor für Objekte der Klasse "account"	34
	Erzeugung des Objektes "acc1" durch Aufruf von "make-account"	36
	Senden der Botschaft "deposit" an das Objekt "acc1"	36
	Ausführen der Funktion "deposit"	36
	Detaillierter Code in A++	40
	Anmerkungen zu dem ersten Beispiel zur Objektorientierung	41
	Anmerkungen zum Aufruf der Funktion 'konto'	42
5.3	Zweites Beispiel zur Objektorientierung in A++	42
	Anmerkung zu den einzelnen Klassen	43
	Beziehungen zwischen den Klassen	45
	Zusammenfassung	45
5.4	Drittes Beispiel zur Objektorientierung in A++	49
	Anmerkung zu den einzelnen Klassen	49
6	**Abstraktion, Referenz und Synthese im Detail**	**59**
6.1	Addition der zwei Zahlen 'two' und 'three'	59
	Synthese von 'add' und 'two three' (1)	59
	Abstraktion von 'add' (1)	59
	Auflösung der Referenz von 'add' in [1]	59
	Synthese von (lambda(m n) ...) und 'two three' in [3]	59

	Abstraktion von 'compose'	59
	Auflösung der Referenz von 'compose' in [4]	60
	Synthese von (lambda(f g) ...) und '(two f) (three f)' in [6] ..	60
	Abstraktion von three:	60
	Auflösung der Referenz von 'three' in [7]	60
	Synthese von (lambda(f) ...) und 'f' in [9]	60
	Synthese von (lambda(x) ...) und 'x' in [10]	60
	Abstraktion von two:	60
	Auflösung der Referenz von 'two' in [11]	60
	Synthese von (lambda(f) ...) und 'f' in [13]	60
	Synthese vom inneren (lambda(x) ...) und '(f (f (f x)))' in [14]	60
6.2	Multiplikation der zwei Zahlen 'two' und 'three'	61
	Synthese von mult und 'two three'	61
	Abstraktion von mult:	61
	Auflösung der Referenz von 'mult' in [17]	61
	Synthese von (lambda(m n) ...) und 'two three' in [19]	61
	Abstraktion von compose:	61
	Auflösung der Referenz von 'compose' in [20]	61
	Synthese von (lambda(f g) ...) und 'two three' in [22]	61
	Abstraktion von two:	61
	Abstraktion von three:	61
	Auflösung der Referenz von 'two' und 'three' in [23]	61
	Synthese vom inneren (lambda(f) ...) und 'x' in [26]	62
	Synthese von (lambda(f) ...) und '(lambda(x0) ...)' in [28] ...	62
	Synthese vom inneren (lambda(x0) ...) und 'x1'	62
	Synthese von (lambda(x0) ...) und '(x(x(x x1)))'	62
	Umbenennung der Variablen: x –> f und x1 –> x	63

7 Infrastruktur für A++ 65
7.1 Support-Funktionen 65
Abstraktion für die Ausgabe einer Zahl 65
Abstraktion für die Ausgabe eines boole'schen Wertes 65
Abstraktion für die Ausgabe von Listen 65
7.2 A++ Interpreter 65
Linux 66
MS-Windows 67
Programmbeendigung 68
7.3 Initialisierungsdatei für den ARS-Interperter 68
7.4 WWW-Adressen 71

8 Erweiterung von A++   73
    8.1   ARS++ 73
    8.2   ARSAPI 74

Anhänge   77

A   Das Lambda-Kalkül   77
    A.1   Syntax eines Lambda-Ausdrucks 77
    A.2   Begriffe und Regeln des *Lambda-Kalküls* 77
            Assoziativitätsregeln 77
            Gebundene und freie Variable 78
            Alpha-Konvertierung 78
            Beta-Reduktion 78
            Eta-Reduktion 79
            Y-Kombinator 79
    A.3   Beispiele für Beta-Reduktion 80
            Lambda-Kalkül-Programmierung in Scheme-Codierung 80
            Auszuwertende Lambda-Ausdrücke in Scheme-Codierung 81
            Basis-Abstraktionen in Scheme-Codierung 81
            Anwendung mit Beta-Reduktion 83

B   Gültigkeitsbereich von Namen   87
    B.1   Interpretation von Namen 87
            Dynamic Scope 87
            Static Scope 87
            Global Scope 88
            Local Scope 88
    B.2   Auswirkung der Art der Symbolinterpretation auf die Programmierung . . . 88
            Auswirkung von „Dynamic Scope" auf die Programmierung 88
            Auswirkung von „Static Scope" auf die Programmierung 89
            Verdeutlichung der Unterschiede von „dynamic scope" und „lexical scope" anhand von Beispielen 89

Schlusswort   93

Biographische Daten zur Person des Autors   95

Verzeichnis der Fundamentalbegriffe   97

Abbildungsverzeichnis   99

Listings 101

Literaturverzeichnis 105

Index 107

Vorwort

Zweck des Buches

In diesem kleinen Büchlein, geht es primär darum an der Programmierung interessierten Leserinnen und Lesern ein Instrument vorzustellen, mit dem sie sehr schnell und sehr effizient Programmieren lernen können, ohne sich schon für eine der populären, voll-ausgebauten Programmiersprachen entscheiden zu müssen und ohne einen großen Kostenaufwand zu haben.

Dass das in diesem Taschenbuch Gelernte und Eingeübte eine solide Grundlage für das Programmieren in den meisten Sprachen ist, wird in dem 768-seitigen Buch 'Programmierung pur'(Siehe [Loc03].) ausführlich gezeigt. Dort werden die in A++ enthaltenen Denkmuster ausgeweitet auf das Programmieren in populären Sprachen, wie Java, C++, C, Python und Scheme. [1]

Thematik des Buches

Das Wesentliche der Programmierung

A++ ist die kleinste Programmiersprache der Welt, deren Sinn es ist einzig das *Wesentliche der Programmierung* darzustellen, und zwar in einer Form dass damit gearbeitet werden kann, dass man es einüben kann. So soll A++ hilfreich sein beim Erlernen des Programmierens ganz allgemein, aber auch beim Erlernen von konkreten Programmiersprachen.

Elementarteilchen der Programmierung

In **A++** werden die *Elementarteilchen der Programmierung* in reinster Form sichtbar gemacht. Man kann diese gründlich studieren, den richtigen Umgang mit ihnen einüben und sich so die wichtigsten Rüstzeuge der Programmierung aneignen.

Vereinfachung der Programmierung

In dem Bemühen, Programmierung auf das Wesentliche zu reduzieren, geht es darum, Lernende zu bewahren, sich von einer Unzahl von Vorschriften und Regeln einer bestimmten Programmiersprache die Programmierung an sich vergraulen zu lassen.

---

[1] Zu verschiedenen umfangreichen Fallstudien, die in 'Programmierung pur' eingesetzt werden, gehört auch der A++ - Interpreter, der selbst als Anwendung der A++ - Denkmuster in all den aufgeführten Sprachen implementiert ist.

Energien, die in den meisten Sprachen für die Beherrschung und das Einhalten der Syntax aufgebracht werden müssen, kommen in A++ der wichtigeren Aufgabe der logischen Bewältigung des zu lösenden Problems zugute.

Einfache, umfassende und mächtige Denkmuster

Es wird hier dank des Lambda-Kalküls eine Sicht der Programmierung gewonnen, die eine befreiende Wirkung hat. Das Denken wird aus den Niederungen des komplexen Regelwerks einer bestimmten Programmiersprache herausgeholt und heraufgehoben auf die Höhen eines *einfacheren*, *umfassenderen* und deshalb *mächtigeren* Denkens. Das Lambda-Kalkül bietet die theoretische Grundlage für eine solche Sicht.

Verallgemeinerung des Lambda-Kalküls

Der Name **A++** ist eine Abkürzung von *Abstraktion plus Referenz plus Synthese*. Hiermit werden die drei **Prinzipien von A++** benannt, die gleichzeitig ihr einziger Inhalt sind. Diese Prinzipien stellen eine Verallgemeinerung der Grundoperationen des Lambda-Kalküls von Alonzo Church dar. Das Lambda-Kalkül ist ein mathematisch-logisches System, das 1941 von dem Logiger **Alonzo Church** in seinem Buch: *'The Calculi of Lambda Conversion'* der Welt vorgestellt wurde. Siehe hierzu unsere kurze Zusammenfassung im Anhang A auf Seite 77.

Während das Lambda-Kalkül der Funktionalen Programmierung ihre theoretische Grundlage liefert, ist **A++** in der Lage eine *theoretische Grundlage für die drei bekanntesten Paradigmen der Programmierung* zu liefern, d.h. für die funktionale, die objekt-orientierte und die imperative Programmierung.

Verallgemeinerung der Grundoperationen des Lambda-Kalküls:

- **Abstraktion:** Etwas einen Namen geben
- **Referenz:** Auf etwas mit seinem Namen Bezug nehmen
- **Synthese:** Aus zwei oder mehr Dingen etwas Neues erzeugen

Die Primitiv-Operationen von **A++** gehen inhaltsmäßig über die Grundoperationen des Lambda-Kalküls hinaus, indem ihnen in der Anwendung in einem Programm jedwede Einschränkung genommen wird.

Die Verallgemeinerung besteht darin, dass der Begriff der Abstraktion allgemeiner als im Lambda-Kalkül definiert wird, nämlich als 'etwas einen Namen geben'. Hinter dem Namen verbergen sich alle Details des Definierten. *Eine solche Namensvergabe setzt eine explizite Namensdefinition voraus.*

Im **Lambda-Kalkül** dagegen ist eine explizite Vergabe eines Namens für eine Lambda-Abstraktion bei deren Bildung nicht vorgesehen. Dort erfolgt sie lediglich implizit bei einer Synthese von Lambda-Ausdrücken.

Die Auswirkungen dieses zunächst als klein erscheinenden Unterschiedes sind gewaltig: Während ein Ausbau des *Lambda-Kalküls* immer in die Funktionalen Programmiersprachen mündet, können in **A++** allgemeine Muster der Programmierung definiert werden, die sowohl auf die *Funktionale* Programmierung als auch auf die *Objekt-orientierte* und die *Imperative* Programmierung angewandt werden können.

Wer sich in seinem Programmieren von den Prinzipien in A++ leiten lässt, wird Programme erstellen, die nicht nur funktionieren, sondern die auch schön sind, Programme, bei denen Leser und Leserinnen mit Bewunderung die Abstraktionen und Synthesen nachempfinden und genießen können.

Erlernen von neuen Programmiersprachen

In **'Programmierung pur'** wird *erstmalig der Versuch unternommen*, den Weg zum Erlernen der Programmiersprachen Scheme, Java, Python, C und C++ anhand der mittels **A++** erarbeiteten Denkmuster aufzuzeigen. 'Programmierung pur' behandelt diese Thematik nicht nur theoretisch, sondern präsentiert umfangreiche Fallstudien, um den Bezug zur Programmierpraxis zu gewährleisten.

Adressatenkreis

Dieses Buch wendet sich ebenso wie 'Programmierung pur' an **Programmierer** und solche, die es werden wollen. Es möchte ihnen mit der speziellen Denkweise die Programmierung erleichtern, besonders auch das Erlernen neuer Sprachen. Mit der nahegelegten Sicht der Programmierung wird eine Sprachenunabhängigkeit gewonnen, ja man ist sogar offen für verschiedene Paradigmen der Programmierung. Mit der Erfahrung der gewonnenen Flexibilität ausgerüstet wird ein Programmierer oder eine Programmiererin *mit mehr Freude und größerer Effizienz* die Probleme der Programmierung meistern.

Das Buch wendet sich auch an **Anfänger der Programmierung**. Jedoch sollte ein *großes Interesse für die Programmierung* aufgrund einer persönlichen Eignung und Neigung vorhanden sein.

Zusammenfassend kann Zielgruppe des Buches wie folgt beschrieben werden:

> *Das Buch ist gedacht für Menschen, die einen Ausbildungsbedarf in den Grundlagen der Programmierung besitzen.*

- Dies sind *Studenten aller Fachrichtungen der Informatik* sowie Studenten der Mathematik und Physik.
- Dies sind *Lehrer und Schüler an Gymnasien*, die in der Oberstufe Informatikunterricht gestalten oder an ihm teilnehmen.

- Dies sind ferner alle *Angestellten in der Industrie*, die sich, aus welchen Gründen auch immer, mit der Programmierung auseinandersetzen müssen.

- *Programmierer, die bereits programmieren können*, sich aber nicht scheuen, etwas Neues kennen zu lernen, kommen als potentielle Nutznießer dieses Büchleins gewiss ebenfalls in Betracht.

Danksagung

Danken möchte ich vor allem den Vielen, die in uneigennütziger Weise durch die Bereitstellung ihrer Software zur kostenlosen Nutzung zum Zustandekommen dieses Buches beigetragen haben. Zu dieser frei verfügbaren Software gehört natürlich TeX, LaTeX, teTeX, Linux, XFree86, vim, psutils, ghostview und die vielen Scheme-Implementierungen, ganz besonders GambitC und libscheme. Dann gilt mein Dank natürlich ganz besonders Alonzo Church, dem wir das Lambda-Kalkül verdanken und Guy L. Steele mit Gerald J. Sussman, die dieses Lambda-Kalkül als Ausgangsbasis für die Entwicklung ihrer Programmiersprache Scheme genommen haben. Der Dank erstreckt sich auch auf die im Literaturverzeichnis aufgeführten Autoren, die uns das Lambda-Kalkül näher gebracht haben.

Herrn Jens Toeche-Mittler möchte ich herzlich danken, von Anfang an das 'Besondere' an ARS bzw. A++ erkannt und gewürdigt zu haben.

An Fr. Anke Meenenga ergeht ebenso herzlicher Dank für den Entwurf eines zu dem Titel passenden Umschlags und an Frau Cora Toeche-Mittler, für ihre Mitwirkung an dessen Gestaltung.

Dank sagen möchte ich auch meinem Sohn Johannes für verschiedene Tips aus der Sicht eines Studierenden und meiner Frau für ihre unsägliche Geduld und ihr Verständnis.

Georg P. Loczewski　　　　　　　　　　　　　　Groß-Zimmern, im Dezember 2002

Kapitel 1

Einführung

1.1 Konstitutive Prinzipien in A++

A++ steht für **Abstraktion plus Referenz plus Synthese**. Diese drei Begriffe entsprechen den *sprachlichen Strukturelementen* und den *Grundoperationen in A++* und werden deshalb im nächsten Kapitel im Zusammenhang mit der Syntax der Sprache noch ausführlich behandelt.

Zu den konstitutiven Prinzipien, d.h. den Prinzipien, die A++ wesentlich zu dem machen, was es ist, gehören außerdem noch die Begriffe **'Closure'** und **'Lexical Scope'**. Wir werden sie der Reihe nach definieren und beschreiben.

Abstraktion

FUNDAMENTALBEGRIFF 1 (ABSTRAKTION)
Abstrahieren bedeutet: Etwas einen Namen geben. *Es besteht darin, etwas Komplexes zu behandeln, als wäre es etwas Einfacheres, indem Details ignoriert werden.*

Eine solche Abstraktion wird auch als **Lambda-Abstraktion** bezeichnet, wenn mit ihr die *Definition einer Funktion* verbunden ist, die zwangsläufig zur *Erzeugung einer 'Clos-*

ure' mündet. Bezüglich des letzteren Punktes siehe weiter unten die Definition des vierten konstitutiven Prinzips.

Referenz

FUNDAMENTALBEGRIFF 2 (REFERENZ)
Auf etwas, das einen Namen erhalten hat, kann jederzeit mit diesem Namen Bezug genommen werden. Diese Bezugnahme nennen wir Referenz.

Im Zusammenhang mit der Referenz ist von großer Bedeutung auf welche Namen Bezug genommen werden kann. Dies führt zum letzten konstitutiven Prinzip von A++, dem Begriff des *'Lexical Scope'*.

Synthese

FUNDAMENTALBEGRIFF 3 (SYNTHESE)
Eine Synthese zu bilden bedeutet: Zwei oder mehrere Dinge (die selbst Ergebnis einer Abstraktion sind!) miteinander zu verknüpfen um etwas Neues (Komplexes) zu schaffen.

Der Begriff der Synthese entspricht weitgehend dem des Aufrufs einer Funktion oder der Abbildung, bzw. der Applikation.

Closure

Die Bildung einer Abstraktion ist in A++ nicht ein absolutes, von Allem losgelöstes Ereignis. *Eine Abstraktion erfolgt immer in einem bestimmten Kontext*, der somit wesentlich zu der gebildeten Abstraktion gehört. Die Lambda-Abstraktion wird zum Zeitpunkt ihrer Erzeugung mit ihrem Kontext oder ihrer Umgebung verbunden. Das Resultat dieser Verkapselung wird 'Closure' genannt. Eine Closure ist eine Art der Verkapselung wie wir sie in der Objekt-Orientierung finden. In der **Objekt-Orientierung** sind in einem Objekt Daten und Funktionen verkapselt, die *Attribute des Objektes mit dessen Methoden* gemäß ausdrücklicher Festlegung in der Klassendefinition oder im Aufbau des Konstruktors.
Bei einer **Closure** dagegen erfolgt diese Verkapselung nicht durch willkürliche, ausdrückliche Definitionen, sondern *alles, was zum textlichen Umfeld einer Funktion gehört* wird automatisch in diese Verkapselung einbezogen. Wir haben deshalb in 'Programmierung pur' das *Bild einer Muschel*[1]. als Symbol für eine Closure gewählt.
Somit können wir eine Closure wie folgt definieren:

FUNDAMENTALBEGRIFF 4 (CLOSURE)
Eine Funktion wird eine "Closure" genannt, wenn sie mit der sie umgebenden Menge der Daten und Funktionen fest verkoppelt ist. Die Variablen der geerbten Umgebung werden "freie Variable" und die Argumente der Funktion werden als "gebundene Variable" bezeichnet. Die in der Funktion definierten Variablen heissen "lokale Variable". Alle Variable einer echten Closure haben unbegrenzte Lebensdauer.

Eine solche Funktion kann nur in der ihr eigenen Umgebung ausgeführt werden. Wir haben hier ein Beispiel der Verkapselung von ausführbarem Code mit den dazugehörigen Daten. So etwas Ähnliches finden wir wieder in der weiter unten beschriebenen Objekt-Orientierung.

Eine "closure" kann man sich nach ihrer Definition folgendermaßen vorstellen: Siehe hierzu Abbildung 1.1 auf der nächsten Seite. Die zwei Kreise nebeneinander sind das Symbol für

---

[1] Das englische Wort für Muschel ist bekanntlich 'clam'. Bei uns hat 'clam' noch sinnvoller Weise eine andere Bedeutung, nämlich: 'c-lambda-abstraction'. So bezeichnen wir in ARSAPI eine Lambda-Abstraktion in C. Siehe hierzu Abschnitt 8.2 auf Seite 74

1.1 Konstitutive Prinzipien in A++

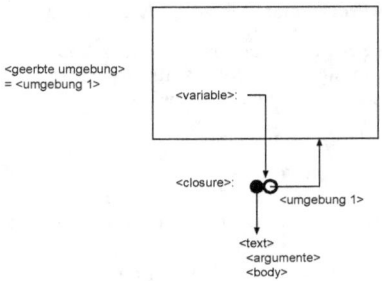

Abbildung 1.1: Definition einer "closure"

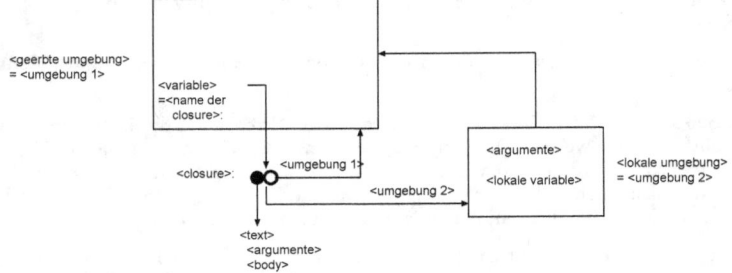

Abbildung 1.2: Aufruf einer "closure"

eine "closure". Diese Diagrammtechnik wurde eingeführt von Harold Abelson und Gerald Jay Sussman in ihrem legendären SICP-Buch, d.h. dem offiziellen Lehrbuch der Informatik am Massachusetts Institute of Technology mit dem Titel: *Structure and Interpretation of Computer Programs*. Siehe hierzu im Literaturverzeichnis [AwJS96].

An den Programmtext fest gekoppelt ist die Umgebung des Programms, in dem die "closure" definiert wurde ("lexical scope"). Diese Heimatumgebung der "closure" hat in allen folgenden Diagrammen das Kennzeichen '<umgebung 1>'.

Zum Zeitpunkt der Ausführung der Funktion sieht die Sache etwas anders aus. Der Funktion wird ein neuer Umgebungsbereich zugewiesen ("environment frame"), der allerdings wiederum mit der ursprünglichen Umgebung der "closure" verknüpft ist. Dieser neue Umgebungsbereich enthält die Argumente der Funktion und die in ihr definierten lokalen Variablen. In den folgenden Diagrammen trägt sie das Kennzeichen '<umgebung 2>'. Siehe hierzu Abbildung 1.2!

Lexical Scope

Es kann auf bereits definierte Abstraktionen über Namen Bezug genommen werden. Auf welche Namen an welcher Stelle im Programm Bezug genommen werden kann, definiert der sogeannte *Scope* in einer konkreten Programmiersprache. Es gibt drei Muster nach denen die Gültigkeit von Namen in Programmteilen geregelt ist:

Lexical Scope oder Static Scope: In diesem Schema gelten die Namen nur in dem Bereich, in dem sie definiert sind. Der Gültigkeitsbereich ist direkt aus dem Programmtext ersichtlich, woher der Name "lexical scope" rührt.

Wir definieren deshalb:

FUNDAMENTALBEGRIFF 5 (LEXICAL SCOPE)
Namen gelten nur in den Funktionen, die die Namensdefinition enthalten, bzw. in solchen, die innerhalb dieser Funktion als verschachtelte Funktionen definiert wurden.

Mit dem 'lexical scope' kann wie in der Programmiersprache Algol ein *'dynamic extent'* verbunden sein, oder wie in Common-Lisp und in Scheme der *'indefinite extent'*.

Letzerer bedeutet, dass alle Variablen unbegrenzte Lebensdauer haben. Die unbegrenzte Lebensdauer wird allerdings dadurch eingeschränkt, dass Variable, die von nirgendwoher mehr im Programm erreicht werden können, als Müll vom Garbage-Collector beseitigt werden.

Closures können auch gesehen werden als Funktionen mit 'lexical scope' und 'indefinite extent'.

Dynamic Scope: Eine Variable kann von überallaus im Programm direkt mit ihrem Namen angesprochen werden. Dynamic Scope ist von McCarthy ursprünglich in Lisp eingeführt worden, wird aber inzwischen wegen gewaltiger Nachteile in modernen Lisp-Dialekten nicht mehr oder nur bedingt verwendet. McCarthy selbst hat eingesehen, dass es ein Design-Fehler war, dynamic scope in Lisp zu verwenden.[2]

Global und Local Scope: In diesem Schema hat eine Variable entweder 'global' oder 'local scope'. Im ersten Falle bedeutet das, dass eine Variable überall Gültigkeit besitzt. Im zweiten Fall gilt eine Variable nur in der Funktion, in der sie definiert wurde, ohne dass sich diese Gültigkeit auf tiefere Ebenen fortpflanzen würde. Dieses System wird momentan noch in der Programmiersprache Python verwendet.

Im nächsten Kapitel wird das sprachliche Gewand eingeführt, in das wir diese drei Operationen kleiden werden, um mit ihnen programmieren zu können.

---

[2]siehe Seite 180: R.Wexelblat(ed.), *History of Programming Languages*, Academic Press, New York, 1981.

Kapitel 2

Sprachdefinition

2.1 Syntax und Semantik von A++

Um die Syntax von A++ zu definieren, werden wir die EBNF-Notation verwenden.

Zuerst folgt die Erklärung der EBNF-Notation selbst:

EBNF-Notation:
- | bedeutet „oder"
- [...] eckige Klammern bedeuten optional.
- { ... } bedeutet „0 oder n-mal".
- ' ... ' kennzeichnet Text, der wörtlich zu nehmen ist.
- (...) runde Klammern können zur Gruppierung benutzt werden.
- <...> Abkapslung eines Begriffs.
- empty bedeutet die leere Menge.

Syntax von A++ in EBNF-Notation: [1]

$$
\begin{aligned}
&<expression> &::=\ &<abstraction>\ |\ &&(2.1)\\
& & &<reference>\ |\\
& & &<synthesis>\\
&<abstraction> &::=\ &'('\ define\ <variable>\ <expression>\ ')'\ |\ &&(2.2)\\
& & &'(lambda('\ \{<variable>\}\ ')'\\
& & &<expression>\ \{<expression>\}\ ')'\\
&<reference> &::=\ &<variable> &&(2.3)\\
&<synthesis> &::=\ &'('\ <expression>\ \{<expression>\}\ ')' &&(2.4)\\
&<variable> &::=\ &<symbol> &&(2.5)
\end{aligned}
$$

Anmerkungen zur Syntax:

Zur Definition der Abstraktion in (2)

- Die *erste Alternative* in der Definition bezieht sich auf die **allgemeine Form der Namensvergabe**.

---
[1] Siehe auch die Abbildung 2.1 auf Seite 7

- Die *zweite Alternative* bezieht sich auf das, was der Namensvergabe normalerweise vorausgeht, die **eigentliche Abstraktion**. Die Namensvergabe ist nur der letzte Schritt.
  - Es gibt auch *anonyme Lambda-Abstraktionen*, bei denen die Namensvergabe als überflüssig weggelassen wird.
  - Der Definition einer anonymen Lambda-Abstraktion kann auch als *Definition einer Funktion* angesehen werden.

Zur Definition der Synthese in (4)

Eine Synthese gemäß obiger Definition wird auch oft als Funktionsaufruf oder als Abbildung (Applikation) bezeichnet.

2.2 Beispiele zur Syntax von A++

Zur Veranschaulichung der Syntax-Definition in der EBNF-Notation folgen einige Beispiele:

Beispiele zur Abstraktion 1. Alternative in 2.2

```
(define anton
  (lambda (x y)
    x))

(define berta anton)

(define charly (anton a b))
```

Beispiele zur Abstraktion 2. Alternative in 2.2

```
(lambda (x)
  (mult x ten))
```

Beispiele zur Referenz 2.3

```
anton
berta
```

Beispiele zur Synthese 2.4

```
(b t f)
(anton a b)
((lambda(x) (add x three)) two)
```

2.2 Beispiele zur Syntax von A++

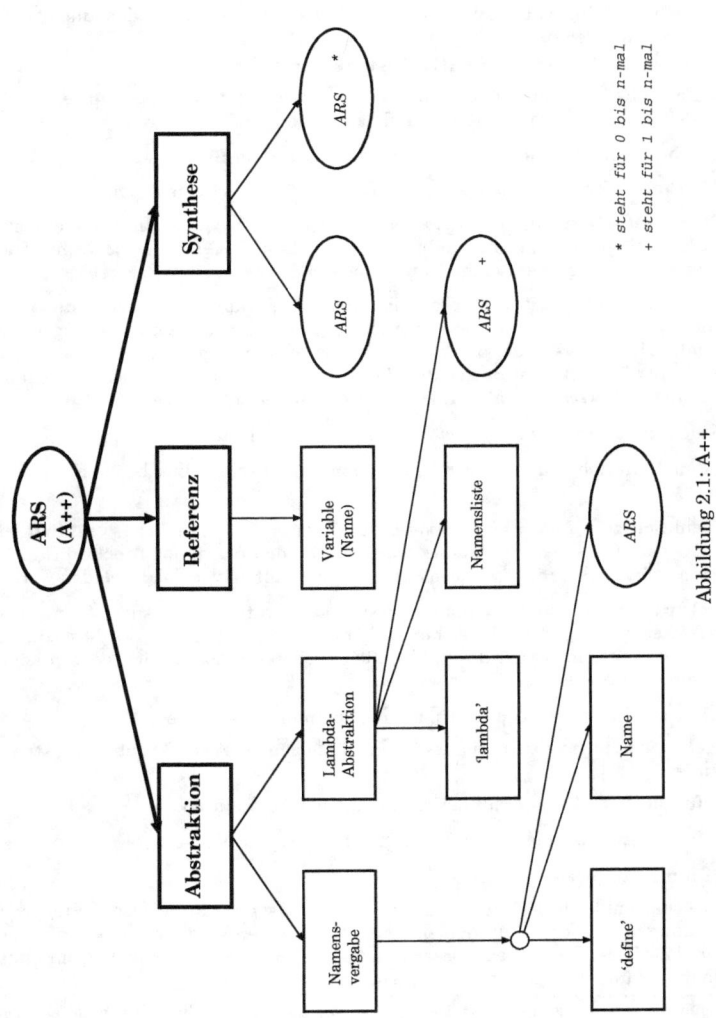

Abbildung 2.1: A++

2.3 A++ Erweiterung

Wir erlauben uns, A++ um *wenige vorgegeben Primitivabstraktionen* zu erweitern. Das Ziel dieser Erweiterung ist im Wesentlichen eine Möglichkeit zu schaffen, Resultate von Programmen auf dem Bildschirm anzuzeigen, A++ - Code von einer Datei zu laden, und beliebige Abstraktionen miteinander zu vergleichen.[2]

Es handelt sich um die folgenden **Primitiv-Abstraktionen**:

- **vmzero** Eine Referenz auf die *Zahl 0 des Computers*. Sie stellt eine Brücke zwischen den A++ - Zahlen (Church-Numerals) und den Zahlen im Computer dar.

- **vmtrue** Eine Referenz auf den boole'schen Wert *'wahr'* im Basissystem.

- **vmfalse** Eine Referenz auf den boole'schen Wert *'falsch'* im Basissytem.

- **double-quoted-string** Mit dieser Abstraktion werden Zeichenketten in A++ eingeführt. Sie werden zwingend im Zusammenhang mit der Primitiv-Operation 'load' gebraucht. Diese benötigt als Argument einen Dateinamen in der Form einer Zeichenkette.

- **single-quoted-string** Mit dieser Abstraktion werden symbolische Konstanten in A++ eingeführt. Sie sind nicht zwingend erforderlich, aber sie erleichtern das Programmieren gewaltig, besonders in der objekt-orientierten Anwendung.
  Dort wird mit Objekten über Botschaften kommuniziert. Ohne symbolische Konstanten müßte man alle Botschaften als Zahlen (Church Numerals) codieren.

- **incr** Eine Funktion zum *Erhöhen einer Computerzahl* um 1.

- **print** Eine Funktion zum *Anzeigen* einer Computerzahl oder eines boole'schen Wertes *auf dem Bildschirm*.

- **load** Funktion zum *Laden einer Code-Datei*. Dies ist eine nützliche Funktion beim Austesten größerer A++ - Programme. Das zu testende Programm braucht nicht interaktiv eingegeben zu werden, sondern kann mit dem Aufruf von 'load' geladen werden.

- **equalx** Um außer den Church Numerals noch andere Daten wie Closures, Symbole und Zeichenketten miteinander vergleichen zu können braucht man in A++ diese zusätzliche Primitivoperation. Mit der direkt aus ARS abgeleiteten Abstraktion 'equalp' können nur Zahlen miteinander verglichen werden.

- **quit** Diese Funktion wird benutzt, um den ARS-Interpreter zu beenden.

Diese vorgegebenen Primitivabstraktionen werden in folgenden **A++ - Lambda-Abstraktionen** verwendet:

- **ndisp!** für die Ausgabe einer numerischen Lambda-Abstraktion.

- **bdisp!** für die Ausgabe einer boole'schen Lambda-Abstraktion.

- **ldisp!** für die Ausgabe einer Liste.

Das Ausrufezeichen am Ende der drei Funktionsnamen weist daraufhin, dass es Funktionen mit Nebenwirkungen sind, d.h. Funktionen, die nicht nur einen Wert zurückliefern sondern im Hintergrund noch mehr bewirken. Dieser Umstand stempelt sie zu gefährlichen Funktionen, weshalb ihre Namen mit einem Ausrufezeichen versehen sind.

---

[2]Mit der Einführung einer einzigen weiteren, leicht zu implementierenden Primitivoperation (*define-macro*), könnten wir in A++ eine mächtige Makro-Technik integrieren. Letzteres würde aber die Struktur von **A++** leicht verändern, worauf wir aus Gründen der in A++ angestrebten Einfachheit verzichten. Wir verschieben diesen Punkt auf **ARS++**, der Erweiterung von A++, die eine Sprache schafft, die Scheme-Funktionalität besitzt und noch mehr.
ARS++ wird in den Büchern *'Programmierung pur – Programmieren fundamental und ohne Grenzen'* und *ARS++ – A++ in großem Stil*' aus dreierlei Sicht ausführlich behandelt: als Sprache, Anwendungen der Sprache und Implementierung der Sprache.

Syntax von A++ mit vorgegebenen Primitiv-Abstraktionen

Der folgende EBNF-Code stellt die Definition von A++ mit Erweiterungen für die Bildschirmanzeige dar.

Syntax von A++ mit vorgegebenen Primitiv-Abstraktionen [3]

$$
\begin{aligned}
&<expression> &::=\ &<abstraction>\ | &(2.6)\\
& & &<reference>\ | \\
& & &<synthesis>\ | \\
& & &<predefined\ abstraction> \\
&<abstraction> &::=\ &'('\ define\ <variable>\ <expression>\ ')'\ | &(2.7)\\
& & &'(lambda('\ \{<variable>\}\ ')' \\
& & &<expression>\ \{<expression>\}\ ')' \\
&<reference> &::=\ &<variable> &(2.8)\\
&<synthesis> &::=\ &'('\ <operator\ expression>\ \{<expression>\}\ ')' &(2.9)\\
&<variable> &::=\ &<symbol> &(2.10)\\
&<operator\ expression> &::=\ &<abstraction>\ |\ <reference>\ |\ <synthesis>\ | &(2.11)\\
& & &<predefined\ operation> \\
&<predefined\ abstraction> &::=\ &<predefined\ value>\ | &(2.12)\\
& & &<predefined\ operation> \\
&<predefined\ value> &::=\ &<vmzero>\ |\ <vmtrue>\ |\ <vmfalse>\ | &(2.13)\\
& & &<double\ quoted\ string>\ |\ <single\ quoted\ string> \\
&<double\ quoted\ string> &::=\ &'"'\ <string>\ '"' &(2.14)\\
&<single\ quoted\ string> &::=\ &'''\ <string> &(2.15)\\
&<predefined\ operation> &::=\ &<incr>\ |\ <print>\ |\ <load>\ |\ <equalx>\ |\ <quit> &(2.16)
\end{aligned}
$$

Beispiele zu den Erweiterungen in A++

```
   (ndisp! four)
 2                        --->4
   
 4 (bdisp! true)
                          --->true
 6
   (print vmzero)
 8                        --->0
   
10 (print ((five incr) vmzero))
                          --->5
12
   (ldisp! 11)
14                        --->1
                          --->2
16                        --->3
   
18 (load "init.ars")
   
20
   (bdisp! (equalx 'anton
22                 'berta))
                          --->false
24 (print "end_of_program")
                          --->end of program
26 (quit)
```

---

[3] Siehe auch die Abbildung 2.3 auf Seite 11

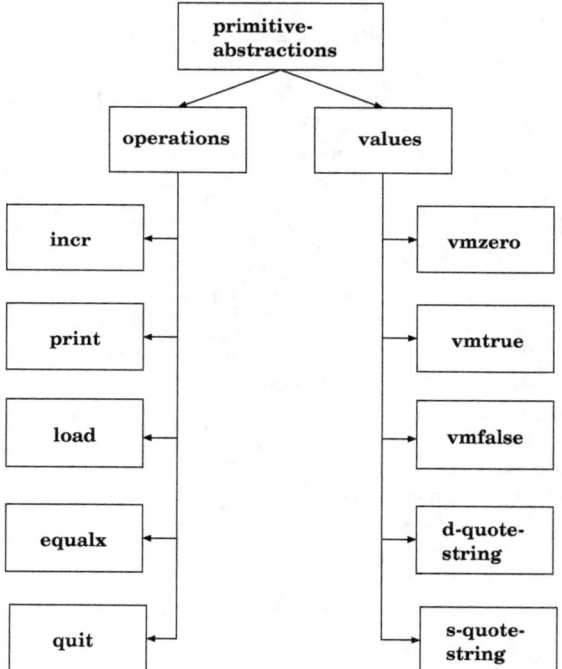

Abbildung 2.2: Vorgegebene Primitiv-Abstraktionen für A++

2.3 A++ Erweiterung

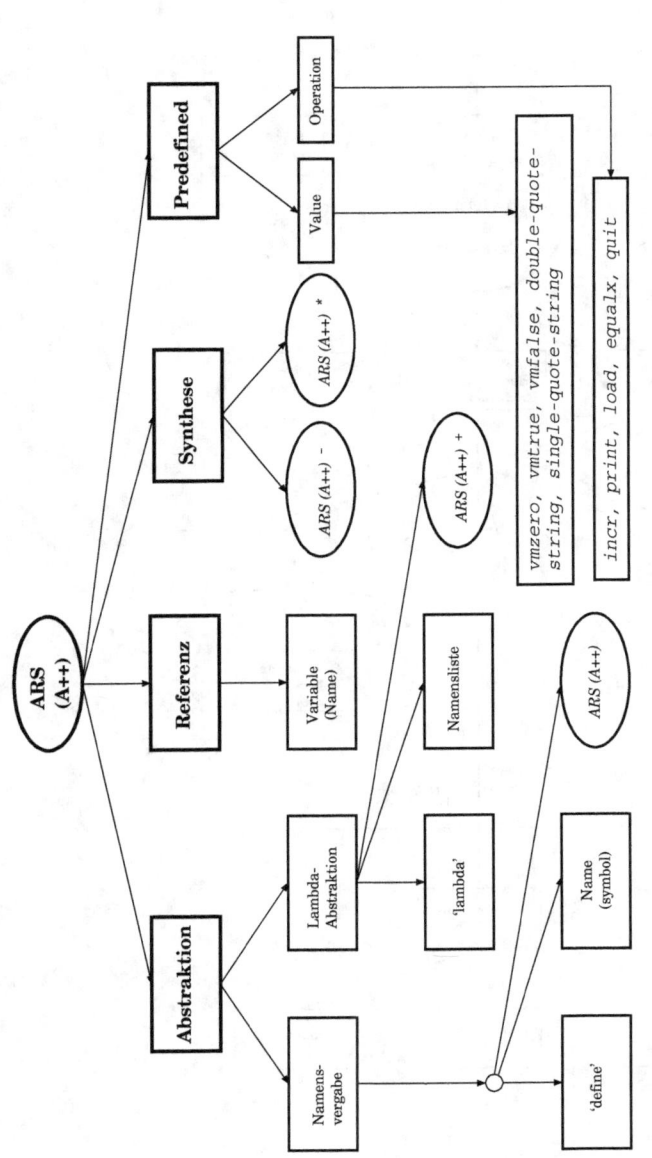

Abbildung 2.3: A++ mit vorgegebenen Primitiv-Abstraktionen

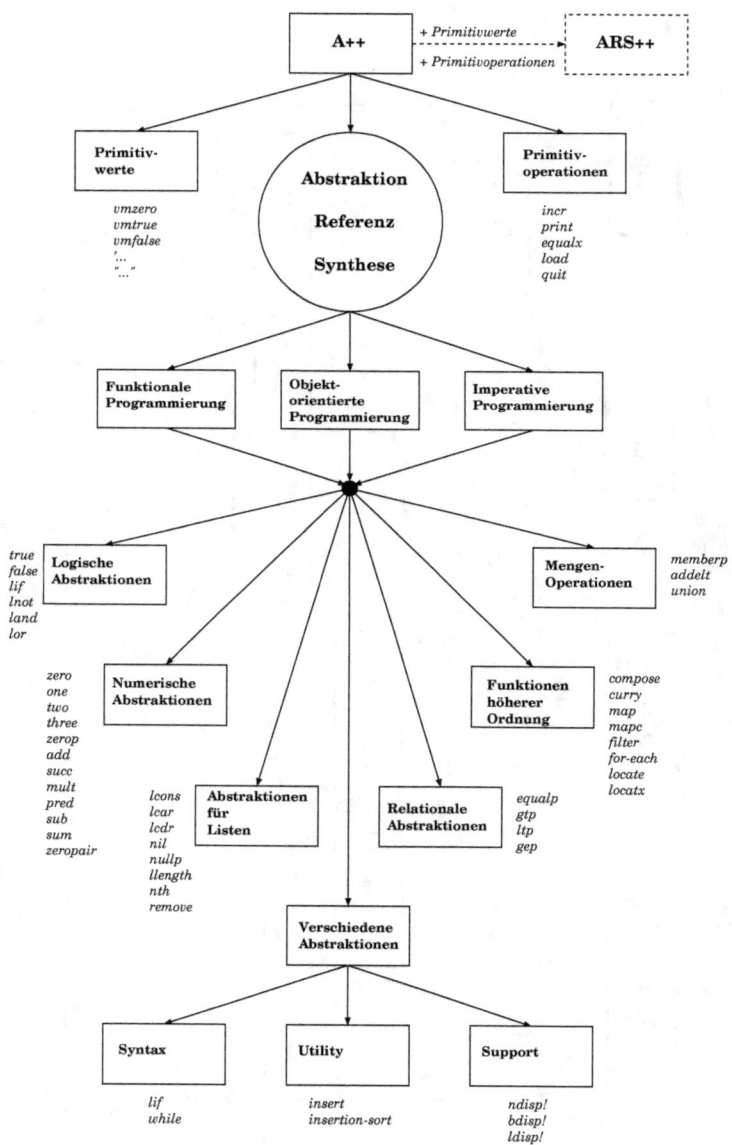

Abbildung 2.4: A++ mit primitiven Werten und Operationen sowie typischen Abstraktionen

Kapitel 3

Erste Entfaltung von A++

3.1 Programmierstil in A++

Bei der Codierung von Ausdrücken in A++ gemäß der im vorigen Kapitel beschriebenen Syntax empfehlen wir den in der Programmiersprache Scheme verbreitetsten Codierstil anzuwenden. Diesem Codierstil entsprechend werden untergeordnete Fortsetzungszeilen um zwei Stellen nach rechts eingerückt plaziert. Lambda-Abstraktionen werden wie folgt dargestellt:

```
  (define <Name der Abstraktion>
2   (lambda(<Liste der Parameter>)
      <Ausdruck 1>
4     ............
      <Ausdruck n>))
```

In *diesem Kapitel* werden wir jedoch in einem Fall bewusst von diesem Stil abweichen. Um die Namen der Abstraktionen sofort ins Auge springen zu lassen, werden wir *den Namen einer Lambda-Abstraktion* von dem Rest der Abstraktion *nach links versetzen*. Dies entspricht also nicht einer Programmierpraxis sondern ist lediglich präsentationstechnisch motiviert.

3.2 Grundlegende Logische Abstraktionen

Listing 3.1: Grundlegende logische Abstraktionen

```
   (define true    (lambda (x y)
2                    x))
   ;;
4  (define false   (lambda (x y)
                     y))
6  ;;
   (define lif     (lambda (b t f)
8                    (b t f)))
   ;;
10 ;; Anwendung einer lif-Abstratktion
   ;;
12 (define if-test (lambda(m n)
                    (lif <boole'scher Ausdruck>
14                    <ja-Zweig>
                      <nein-Zweig> )))
```

Abstraktionen 'true' und 'false'

Die Abstraktion *'true'* ist folgendermaßen zu verstehen: Bei einem Aufruf der Funktion 'true' mit zwei Argumenten wird immer das erste Argument zurückgeliefert. Dies ist eine willkürliche Festlegung, die erst verständlich wird, wenn man die Definition der 'lif'- Abstraktion betrachtet.

Die Abstraktion *'false'* ist analog eine Funktion mit zwei Parametern, die beim Aufruf das zweite Argument zurückliefert.

Dies entspricht dem *Aufbau der 'if'-Abstraktion*, von der erwartet wird, dass sie beim Feststellen des Nichterfülltsein der zu testenden Bedingung den Zweiten aus den beiden angebotenen Zweigen auswählt. In Wirklichkeit wählt hier jedoch nicht die 'lif'-Funktion, sondern der Bedingungsausdruck, der in der 'lif'-Abstraktion als Funktion aufgerufen wird wählt aus den zwei übergebenen Argumenten eines aus, je nachdem ob der Bedingungsausdruck effektiv der Abstraktion 'true' oder 'false' entspricht.

Abstraktionen 'lif'

Die Funktionsweise der 'lif'-Abstraktion wurde gerade im Zusammenhang mit den Abstraktionen 'true' und 'false' bereits beschrieben.

Es sei hier nur auf die *einzigartige Eigenschaft von A++* hingewiesen, das sprachliche Konstrukt für eine Alternativstruktur als Abstraktion selbst definieren zu können. So etwas wird man in den bekannten Programmiersprachen lange suchen müssen. Dort nämlich ist die 'if'-Anweisung ein vorgegebenes sprachliches Konstrukt, das nicht durch eine selbstgeschriebene Funktion ersetzt werden kann.

Listing 3.2: Anwendung der grundlegenden logischen Abstraktionen

```
  (bdisp! true)
2                            -->true
  (bdisp! false)
4                            -->false
  (lif true
6     (bdisp! true)
      (bdisp! false))
8                            -->true
  (lif false
10    (bdisp! true)
      (bdisp! false))
12                           -->false
```

3.3 Erweiterte Logische Abstraktionen

Listing 3.3: Erweiterte logische Abstraktionen

```
  (define lnot   (lambda (b)
2                  (b false true )))
  ;;
4 (define land   (lambda (x y)
                   (lif x y x)))
6 ;;
  (define lor    (lambda (x y)
8                  (lif x x y)))
```

Das *'lnot'* entspricht der Negation, das *'land'* der Konjunktion oder der logischen 'UND'-Funktion, und die Abstraktion *'lor'* der Adjunktion oder dem einfachen 'ODER'.

Listing 3.4: Anwendung der erweiterten logischen Abstraktionen

```
  (bdisp! (lnot true))
2                            -->false
  (bdisp! (lnot false))
4                            -->true
  (bdisp! (land true true))
6                            -->true
  (bdisp! (land true false))
8                            -->false
  (bdisp! (land false true))
10                           -->false
```

```
12  (bdisp! (land false false))
                                -->false
14  (bdisp! (lor  true  true ))
                                -->true
16  (bdisp! (lor  true  false))
                                -->true
18  (bdisp! (lor  false true ))
                                -->true
20  (bdisp! (lor  false false))
                                -->false
```

3.4 Numerische Abstraktionen

Die Zahlen in A++ haben den Namen 'Church Numerals', da sie dem **Lambda-Kalkül** von **Alonzo Church** entstammen. Die Beziehung von A++ zum Lambda-Kalkül wird in dem Buch **Programmierung pur** ausführlich erläutert. Sie sind beschränkt auf den Bereich der natürlichen Zahlen und werden durch verschachtelte Funktionsaufrufe dargestellt. Was zunächst vielleicht als gekünstelt und als Krücke erscheint, erweist sich später als *natürlich* und äußerst praktisch. So braucht man z.b. um eine Schleife zu programmieren nicht ein *künstliches* Konstrukt, wie z.B in Java,

```
for (new i=1; < 10; i++) {
    <irgendeine Funktion 'f'>
}
```

sondern schreibt einfach die Zahl vor die Funktion, so wie ein kleines Kind zu seiner Mutter einfach sagt: „*2 Äpfel*" :

```
(two f)
```

Abstraktion für die Zahl '0'

Die Zahl '0' wird dargestellt durch null-maligen Aufruf einer beliebigen Funktion 'f'.

Listing 3.5: Abstraktion 'zero'

```
  (define zero  (lambda ( f )
2                 (lambda ( x )
                    x)))
```

Abstraktion für die Zahl '1'

Die Zahl '1' wird dargestellt durch einen „einmaligen" Aufruf einer beliebigen Funktion 'f'.

Listing 3.6: Abstraktion 'one'

```
  (define one  (lambda ( f )
2                (lambda ( x )
                   (f x))))
```

Abstraktion für die Zahl '2'

Die Zahl '2' wird dargestellt durch einen „zweimaligen" Aufruf einer beliebigen Funktion 'f'.

Listing 3.7: Abstraktion 'two'

```
  (define two  (lambda ( f )
2                (lambda ( x )
                   (f (f x)))))
```

Abstraktion für das Prädikat 'zerop'

Listing 3.8: Abstraktion 'zerop'
```
(define zerop  (lambda (n)
                 ((n (lambda(x)
                       false))
                  true)))
```

Die Abstraktion 'zerop' ist ein Prädikat, d.h. eine Funktion, die ein Argument auf ein bestimmtes Kriterium hin überprüft, in unserem Fall auf Gleichheit mit der Zahl 'zero'.

Listing 3.9: Anwendung der Abstraktion 'zerop'
```
(bdisp! (zerop zero))
                        -->true
(bdisp! (zerop one))
                        -->false
```

Abstraktion für die Zahl '3'

Die Zahl '3' wird dargestellt durch einen „dreimaligen" Aufruf einer beliebigen Funktion 'f'.

Listing 3.10: Abstraktion 'three'
```
(define three  (lambda (f)
                  (lambda (x)
                    (f (f (f x))))))
```

Utility-Abstraktion 'compose'

Listing 3.11: Abstraktion 'compose'
```
(define compose  (lambda (f g)
                    (lambda (x)
                      (f (g x)))))
```

Die 'compose'-Abstraktion gehört zu der Gruppe der Funktionen höherer Ordnung und wird weiter unten in dieser Gruppe ausführlicher kommentiert. Siehe Abschnitt 3.8 auf Seite 22. Diese Abstraktion entspricht einer Funktion, in der zwei Funktionen zu einer zusammengebaut werden. Voraussetzung für die Verwendung von 'compose' ist, dass beide als Argumente übergebenen Funktionen ihrerseits beim Aufruf ein Argument erwarten.

Abstraktion für die Addition

Diese Funktion benutzt die Hilfsfunktion 'compose', um aus den Funktionen der zwei zu addierenden Zahlen eine neue Funktion zusammen zu bauen, die der Summe der beiden Zahlen entspricht.

Listing 3.12: Abstraktion 'add'
```
(define add  (lambda (m n)
                (lambda (f)
                  (compose (m f) (n f)))))
```

Listing 3.13: Anwendung der Abstraktion 'add'
```
(ndisp! (add two three))
                        -->5
```

In Abschnitt 6.1 auf Seite 59. befindet sich eine *Schritt für Schritt Analyse* der Synthese aus dem Additionsbeispiel in dem Listing 3.13.

Abstraktion für die Inkrementierung

Die Inkrementierung ist ein Spezialfall der Addition. Mit Hilfe der 'compose'-Abstraktion wird erreicht, dass eine beliebige Funktion 'f' nicht 'n'-mal, sondern 'n+1'-mal ausgeführt wird.

Listing 3.14: Abstraktion 'succ'
```
(define succ  (lambda (n)
                (lambda (f)
                  (compose  f (n f))))))
```

Listing 3.15: Anwendung der Abstraktion 'succ'
```
(ndisp! (succ one))
                        --->2
```

Abstraktion für die Multiplikation

Diese Funktion benutzt die Hilfsfunktion 'compose', um aus den Funktionen der zwei zu addierenden Zahlen eine neue Funktion zusammen zu bauen, die dem Produkt der beiden Zahlen entspricht.

Listing 3.16: Abstraktion 'mult'
```
(define mult  (lambda (m n)
                (compose m n)))
```

Listing 3.17: Anwendung der Abstraktion 'mult'
```
(ndisp! (mult two three))
                        --->6
```

Bezüglich einer *Schritt für Schritt Analyse* der Synthese in dem Multiplikationsbeispiel in Listing 3.17 siehe Abschnitt 6.2 auf Seite 61.

3.5 Abstraktionen für Listen

Selbst höhere Datenstrukturen wie Listen können mit den einfachen Grundoperationen von A++ aufgebaut werden. Eine Liste wird dargestellt als eine Kette von Paaren. Der Konstruktor eines Paares liefert eine Funktion, in die die Elemente des Paares eingebaut worden sind. Diese konstruierte Funktion erwartet bei einem späteren Aufruf eine andere Funktion als Argument, die eines der beiden Elemente auswählt.

Abstraktion für den Konstruktor

Listing 3.18: Abstraktion 'lcons'
```
(define lcons  (lambda (x y)
                 (lambda (f)
                   (f x y))))
```

'lcons' erzeugt also eine Funktion, in welche die beiden Elemente des Paares, nämlich 'x' und 'y', fest als Argumente der Synthese 'f x y' eingebaut worden sind. In dieser Synthese ist der Operator 'f' variabel und kann deshalb benutzt werden, um das erste Element des Paares 'x' oder das zweite Element, das 'y' auszuwählen. Dieser Umstand wird in den beiden folgenden Abstraktionen zum Selektieren eines Elementes aus einem Paar ausgenutzt.

Abstraktion für den Selektor 'lcar'

Um den ersten Wert eines Paares abrufen zu können, wird die Abstraktion 'lcar' definiert:

Listing 3.19: Abstraktion 'lcar'

```
1 (define lcar (lambda (l)
2               (l true)))
```

Die Abstraktion 'lcar' verwendet die Abstraktion 'true', um aus der Liste 'l' das erste Element auszuwählen.

Abstraktion für den Selektor 'lcdr'

Um den zweiten Wert eines Paares abrufen zu können, wird die Abstraktion 'lcdr' definiert:

Listing 3.20: Abstraktion 'lcdr'

```
1 (define lcdr (lambda (l)
2               (l false)))
```

Die Abstraktion 'lcdr' verwendet die Abstraktion 'false', um das zweite Element des Paares in 'l' auszuwählen.

Anwendung der grundlegenden Operationen für Listen

Listing 3.21: Anwendung der Basis-Operationen für Listen

```
1  (define l1 (lcons two three))
2                                  -->ok
3
4  (ndisp! (lcar l1))
5                                  -->2
6
7  (ndisp! (lcdr l1))
8                                  -->3
9
10 (define l2 (lcons two (lcons three four)))
11                                 -->ok
12
13 (ndisp! (lcar (lcdr l2)))
14                                 -->3
15
16 (ndisp! (lcdr (lcdr l2)))
17                                 -->4
```

Die grundlegenden Abstraktionen für Listen reichen noch nicht aus, um effizient mit Listen arbeiten zu können. Man muss das *Ende einer Liste* erkennen können, man muss die *Länge einer Liste* bestimmen können und man muss feststellen können, ob eine Liste leer ist.

Aus diesem Grund wird festgesetzt, dass eine **allgemeine Liste** immer am Ende das folgende Element mit dem Namen **'nil'** aufweist:

Abstraktion für das Ende einer Liste

Listing 3.22: Abstraktion 'nil'

```
1 (define nil (lambda (f)
2               true))
```

Listing 3.23: Beispiel für eine allgemeine Liste

```
1 (define l1 (lcons two (lcons three nil)))
```

3.5 Abstraktionen für Listen

```
  (ldisp! ll)
                            -->2
                               3
                               (lambda(l) true)
```

Abstraktion für das Prädikat 'nullp'

Zum Überprüfen, ob eine Liste leer ist, dient die folgende Abstraktion. Man beachte aber, dass eine Liste, die 'nullp' übergeben wird, immer am Ende das Element **'nil'** haben muss

Listing 3.24: Abstraktion 'nullp'
```
(define nullp (lambda (l)
                (l (lambda (a d)
                     false))))
```

Listing 3.25: Anwendung der Abstraktion 'nullp'
```
(define ll (lcons two (lcons three nil)))

(bdisp! (nullp ll))
                            -->false
(bdisp! (nullp nil))
                            -->true
```

Abstraktion für die Längenabfrage

Diese Abstraktion ermittelt ähnlich wie die Abstraktion 'sum' durch *rekursive Anwendung* der eigenen Abstraktion das Ende der Liste und errechnet dann die Länge der Liste durch wiederholte Additionen von 'one'. Bezüglich rekursiver Programmierung siehe die ausführlichen Erläuterungen in Abschnitt 4.2 auf Seite 28.

Eine von 'llength' zu prüfenden Liste muss ebenso wie bei der 'nullp'-Abstraktion mit dem Element **'nil'** abgeschlossen sein!

Listing 3.26: Abstraktion 'llength'
```
(define llength (lambda (l)
                  (lif (nullp l)
                       zero
                       (add one (llength (lcdr l))))))
```

Listing 3.27: Anwendung der Abstraktion 'llength'
```
(define ll (lcons one (lcons two (lcons three nil))))

(ndisp! (llength ll))
                            -->3
```

Abstraktion zum Entfernen eines Objektes aus einer Liste

Diese Abstraktion entfernt alle Vorkommnisse eines Objektes in einer Liste.

Listing 3.28: Abstraktion 'remove'
```
(define remove
  (lambda(obj l)
    (lif (nullp l)
         nil
         (lif (equalx obj (lcar l))
              (remove obj (lcdr l))
              (lcons (lcar l) (remove obj (lcdr l)))))))
```

Die Funktion 'remove' erzeugt eine neue Liste, in der alle Vorkommnisse des zu entfernenden Objektes nicht mehr vorkommen. Bezüglich der rekursiven Programmierung (im Funktionskörper von 'remove' wird 'remove' selbst wieder aufgerufen) sei wieder auf Abschnitt 4.2 auf Seite 28 verwiesen.
Außerdem sei darauf hingewiesen, daß die Primitivoperation 'equalx' und nicht die Abstraktion 'equalp' verwendet wird. Siehe hierzu 2.3 auf Seite 8.

Listing 3.29: Anwendung der Abstraktion 'remove'

```
  (define l1 (lcons one (lcons two (lcons three (lcons four nil)))))
2
  (ldisp! (remove three l1))
4                                   -->1
                                    -->2
6                                   -->4
```

3.6 Erweiterte Arithmetische Abstraktionen

Abstraktion für 'zeropair'

Listing 3.30: Abstraktion 'zeropair'

```
(define zeropair (lcons zero zero))
```

Abstraktion für die Dekrementierung

Listing 3.31: Abstraktion 'pred'

```
  (define pred (lambda (n)
2               (lcdr ((n (lambda (x)
                            (lcons (add (lcar x) one)
4                                  (lcar x))))
                       zeropair))))
```

Der Vorgänger einer Zahl wird bestimmt, indem 'n'-mal eine Funktion ausgeführt wird, die ein Paar erzeugt, das aus folgenden Elementen besteht:

- im rechten Element des Paares befindet sich das linke Element des Paares aus der vorigen Iteration der Funktion,

- im linken Element des Paares befindet sich der um 1 erhöhte Wert des rechten Elementes.

Das 'n' steht hierbei für die Zahl, die es zu dekrementieren gilt. Die erste Iteration wird mit dem 'zeropair' als Argument begonnen. Am Ende der 'n' Iterationen steht dann folglich im linken Element 'n' und im rechten Element 'n-1'. Letzterer wird mit der Funktion 'lcdr' als Endergebnis der Funktion zurückgegeben.

Listing 3.32: Anwendung der Abstraktion 'pred'

```
  (ndisp! (pred one))
2                          -->0
  (ndisp! (pred three))
4                          -->2
```

3.7 Relationale Abstraktionen

Abstraktion für die Subtraktion

Listing 3.33: Abstraktion 'sub'
```
(define sub  (lambda (m n)
                ((n pred) m)))
```

Die Subtraktion einer Zahl 'n' von einer anderen Zahl 'm' wird implementiert durch eine 'n'-malige Dekrementierung der Zahl 'm'. Man beachte, dass vor der ersten Dekrementierung eine neue Funktion erzeugt wird '(n pred)', die dann auf 'm' angewandt wird.

Listing 3.34: Anwendung der Subtraktion
```
(ndisp! (sub three two))
                                  -->1
(ndisp! (sub four two))
                                  -->2
```

3.7 Relationale Abstraktionen

Abstraktion für das Prädikat 'gleich'

Die Abstraktion **'equalp'** überprüft zwei numerische Abstraktionen auf Gleichheit. Bei Operanden, die keine ARS-Zahlen (Church Numerals) sind muss anstelle von 'equalp' die vorgegebene Primitivfunktion **'equalx'** verwendet werden. Die wäre der Fall, wenn Symbole, Zeichenketten oder Closures (Lambda-Abstraktionen) miteinander verglichen werden sollen.

Listing 3.35: Abstraktion 'equalp'
```
(define equalp  (lambda (m n)
                   (land (zerop (sub m n))
                         (zerop (sub n m)))))
```

Listing 3.36: Anwendung der Abstraktion 'equalp'
```
(bdisp! (equalp two three))
                                  -->false
(bdisp! (equalp two two))
                                  -->true
```

Abstraktion für das Prädikat 'größer als'

Die Abstraktion 'gtp' überprüft, ob die Erste von zwei numerischen Abstraktionen größer ist als die Zweite.

Listing 3.37: Abstraktion 'gtp'
```
(define gtp  (lambda (m n)
                (lnot (zerop (sub m n)))))
```

Listing 3.38: Anwendung der Abstraktion 'gtp'
```
(bdisp! (gtp two three))
                                  -->false
(bdisp! (gtp three two))
                                  -->true
```

Abstraktion für das Prädikat 'kleiner als'

Die Abstraktion 'ltp' überprüft, ob die Erste von zwei numerischen Abstraktionen kleiner ist als die Zweite.

Listing 3.39: Abstraktion 'ltp'
```
(define ltp    (lambda (m n)
2               (lnot ( zerop ( sub n m)))))
```

Listing 3.40: Anwendung der Abstraktion 'ltp'
```
(bdisp! (ltp two three))
2                               -->true
(bdisp! (ltp three two))
4                               -->false
(bdisp! (ltp two two))
6                               -->false
```

Abstraktion für das Prädikat 'größer gleich'

Die Abstraktion 'gep' überprüft, ob die Erste von zwei numerischen Abstraktionen größer ist als die Zweite oder gleich der Zweiten.

Listing 3.41: Abstraktion 'gep'
```
(define gep    (lambda (m n)
2               (zerop (sub n m))))
```

Listing 3.42: Anwendung der Abstraktion 'gep'
```
(bdisp! (gep two three))
2                               -->false
(bdisp! (gep three two))
4                               -->true
(bdisp! (gep two two))
6                               -->true
```

3.8 Funktionen Höherer Ordnung

Als Funktionen höherer Ordnung werden solche Abstraktionen bezeichnet, die nicht nur einfache Daten verarbeiten und als Ergebnisse liefern, sondern die auch Funktionen bearbeiten und Funktionen als Resultate liefern. Die Verwendung von solchen Funktionen gehört eindeutig zum *funktionalen Programmierstil*.

Die herausragendsten Vertreter dieser Gruppe sind ohne Zweifel die Abstraktionen *'compose'* und *'curry'*. Beide Abstraktionen bilden aus einer Funktion, die sie als Argument übergeben bekommen, eine neue Funktion.

Als Beispiele für eine Anwendung von 'compose' haben wir bereits einige numerische Abstraktionen kennengelernt, nämlich 'add', 'succ' und 'mult'. Siehe hierzu die Listings 3.12 auf Seite 16, 3.14 auf Seite 17 und 3.16 auf Seite 17.

Als Beispiel für den Einsatz von 'curry' finden wir weiter unten die Abstraktion *mapc*. (Listing 3.8 auf der nächsten Seite.)

Abstraktion 'compose'

Listing 3.43: Abstraktion 'compose'
```
(define compose (lambda (f g)
2                 (lambda (x)
                   (f (g x)))))
```

Diese Abstraktion entspricht einer Funktion, in der zwei Funktionen zu einer zusammengebaut werden. Voraussetzung für die Verwendung von 'compose' ist, dass beide als Argumente übergebenen Funktionen ihrerseits beim Aufruf ein Argument erwarten.

3.8 Funktionen Höherer Ordnung

Abstraktion für die 'curry'-Funktion

Die Abstraktion 'curry' nimmt eine Funktion mit zwei Argumenten und liefert eine Funktion mit einem Argument. Sie ist benannt nach dem Logiker H. B. Curry.

Listing 3.44: Abstraktion 'curry'
```
(define curry (lambda(f)
                (lambda(x)
                  (lambda(y)
                    (f x y)))))
```

Die Nützlichkeit dieser Funktion wird im Zusammenhang mit 'mapc' demonstriert. Siehe Listing 3.47 auf der nächsten Seite.

Abstraktion für die Abbildung einer Liste

Die Abstraktion 'map' ist eine allgemeine Vorschrift zum Konvertieren einer Liste. Als erstes Argument wird eine Funktion erwartet, die auf jeweils ein Element der Liste angewandt wird. Das Resultat dieser Funktion wird in die Ergebnisliste eingefügt.

Listing 3.45: Abstraktion 'map'
```
(define map (lambda(f l)
              (lif (nullp l)
                nil
                (lcons (f (lcar l)) (map f (lcdr l))))))
```

Listing 3.46: Anwendung der Abstraktion 'map'
```
(define l1 (lcons one (lcons two (lcons three (lcons four nil)))))
(ldisp! (map (lambda(x)
               (mult two x))
             l1))                -->2
                                    4
                                    6
                                    8
```

Abstraktion für die 'curry map'-Funktion

Diese Abstraktion stellt eine nützliche Anwendung der 'curry'-Abstraktion dar. Sie ermöglicht die Bildung von speziellen Funktionen für die Konvertierung von Listen, ausgehend von der allgemeinen 'map'-Abstraktion.

In dem **ersten Beispiel** wird mittels 'mapc' dank der 'curry'-Abstraktion eine neue Funktion 'malzwei' erzeugt. Diese Funktion hat die Aufgabe, eine neue Liste zu erzeugen, deren Elemente die Produkte der Elemente einer anderen Liste mit 'zwei' sind.
Wollte man diese Aufgabe elementar mittels 'map' lösen, so müsste man zwei Argumente mitgeben, eine anonyme Lambda-Abstraktion, in der die Multiplikation eines Elementes der Liste mit 'zwei' vorgenommen wird, und die entsprechende Liste. Die mittels 'mapc' ('map' und 'curry') generierte Funktion 'malzwei' enthält bereits die Funktionalität der Multiplikation mit zwei und benötigt deshalb nur noch ein Argument, nämlich die Liste.

In dem **zweiten Beispiel** wird auf die gleiche Weise eine neue Funktion *'succ*'* gebildet, die bereits die 'succ'-Funktionalität enthält und lediglich noch als Argument eine Liste benötigt, um eine neue Liste zu erzeugen, deren Elemente die um 1 erhöhten Elemente der alten Liste sind.

Listing 3.47: Abstraktion 'mapc'

```
  (define mapc (curry map))
2
  ;;; Beispiel 1:
4 ;;;
  (define ll (lcons one (lcons two (lcons three (lcons four nil)))))
6
  (define malzwei (mapc (lambda(x)
8                              (mult two x))))
10 (ldisp! (malzwei ll))
                              -->2
12                              4
                              6
14                              8
16 ;;; Beispiel 2:
   ;;;
18
  (define succ* (mapc succ))
20
  (define ll (lcons one (lcons two (lcons three (lcons four nil)))))
22 (ldisp! (succ* ll))
                              -->2
24                              3
                              4
26                              5
```

Abstraktion für die Auswahl aus einer Liste

Diese Abstraktion selektiert Elemente aus einer Liste gemäß einer beliebigen Prädikatsfunktion. Es wird eine neue Liste erstellt, in der nur diejenigen Elemente, enthalten sind, die dem Prädikat genügen.

Listing 3.48: Abstraktion 'filter'

```
  (define filter (lambda(p l)
2                     (lif (nullp l)
                           nil
4                           (lif (p (lcar l))
                                (lcons (lcar l) (filter p (lcdr l)))
6                                (filter p (lcdr l))))))
```

Listing 3.49: Anwendung der Abstraktion 'filter'

```
  (define ll (lcons one (lcons two (lcons three (lcons four nil)))))
2
  (ldisp! (filter (lambda(x) (gtp x two)) ll))
4                     -->3
```

Abstraktion für die Suche nach einem Objekt in einer Liste

Diese Abstraktion sucht nach einem bestimmten Objekt in einer Liste. Das Suchkriterium muß der Abstraktion in dem Funktionsargument 'pred' mitgegeben werden. Sinnvollerweise ist dieses Funktionsargument selbst eine Funktion. Wenn das Objekt gefunden wird, gibt die Funktion den Wert 'true' zurück andernfalls 'false'.

In manchen Fällen ist es praktischer im Fall des Findens das gesuchte Objekt selbst anstatt des Wertes 'true' zurückgegeben zu bekommen. Genau dies macht die Abstraktion 'locatex'. Ein realistisches Anwendungsbeispiel für 'locatex' finden wir im zweiten Beispiel zur Objekt-Orientierung in A++. Siehe Listing 5.7 auf Seite 47.

3.9 Mengen-Operationen

Listing 3.50: Abstraktionen 'locate' und 'locatex'

```
(define locate (lambda(pred l)
                (lif (nullp l)
                     false
                     (lif (pred (lcar l))
                          true
                          (locate pred (lcdr l))))))

(define locatex (lambda(pred l)
                 (lif (nullp l)
                      false
                      (lif (pred (lcar l))
                           (lcar l)
                           (locatex pred (lcdr l))))))
```

Listing 3.51: Anwendung von 'locate' und 'locatex'

```
(define l1 (lcons one (lcons two (lcons three (lcons four nil)))))

(bdisp! (locate (lambda(x) (equalp x two)) l1))
                                              --->true
(bdisp! (locate (lambda(x) (equalp x five)) l1))
                                              --->false
```

3.9 Mengen-Operationen

Mengen unterscheiden sich von Listen nur inhaltlich. In Mengen darf ein bestimmtes Element nicht mehrmals vorkommen, in Listen dagegen schon.

Abstraktion für das Prädikat 'memberp'

Diese Abstraktion überprüft, ob ein bestimmtes Element in einer Menge enthalten ist.

Listing 3.52: Abstraktion 'memberp'

```
(define memberp (lambda(x s)
                 (lif (nullp s)
                      false
                      (lif (equalp x (lcar s))
                           true
                           (memberp x (lcdr s))))))
```

Listing 3.53: Anwendung der Abstraktion 'memberp'

```
(define l1 (lcons one (lcons two (lcons three (lcons four nil)))))

(bdisp! (memberp three l1))
                            --->true

(bdisp! (memberp five l1))
                            --->false
```

Abstraktion für das Hinzufügen eines Elementes

Die Abstraktion fügt das betreffende Element nur in die Liste ein, wenn es in ihr noch nicht vorhanden ist, um den Mengencharakter der Liste zu wahren.

Listing 3.54: Abstraktion 'addelt'

```
(define addelt (lambda(x s)
                (lif (memberp x s)
                     s
                     (lcons x s))))
```

Listing 3.55: Anwendung der Abstraktion 'addelt'
```
  (define l1 (lcons one (lcons two (lcons three (lcons four nil)))))
  (ldisp! l1)
                                    -->1
                                       2
                                       3
                                       4
  (ldisp! (addelt three l1))        ;; unwirksam, da schon vorhanden
                                    -->1
                                       2
                                       3
                                       4
  (ldisp! (addelt five l1))         ;; wirksam, da noch nicht vorhanden
                                    -->5
                                       1
                                       2
                                       3
                                       4
```

Abstraktion für die Vereinigung von Mengen

Die Abstraktion 'union' bildet eine neue Liste, in der die Elemente der ersten Liste und die Elemente der zweiten Liste übernommen werden, allerdings unter der Voraussetzung, dass kein Element in der resultierenden Liste doppelt erscheint, um den Mengencharakter der Liste zu erhalten.

Listing 3.56: Abstraktion 'union'
```
  (define union (lambda(s1 s2)
                  (lif (nullp s1)
                       s2
                       (lif (memberp (lcar s1) s2)
                            (union (lcdr s1) s2)
                            (lcons (lcar s1) (union (lcdr s1) s2))))))
```

Listing 3.57: Anwendung der Abstraktion 'union'
```
  (define l1 (lcons one (lcons two (lcons three (lcons four nil)))))
  (define l2 (lcons four (lcons five (lcons six nil))))
  (ldisp! l1)
                                    -->1
                                       2
                                       3
                                       4
  (ldisp! l2)
                                    -->4
                                       5
                                       6
  (ldisp! (union l1 l2))
                                    -->1
                                       2
                                       3
                                       4    ;; kommt nur einmal vor
                                       5
                                       6
```

Eine Zusammenstellung aller Basis-Abstraktionen in diesem Kapitel befindet sich in Abschnitt 7.3 auf Seite 68.

Kapitel 4

Erste Anwendung von A++

4.1 Utility-Abstraktionen

Abstraktion für das sortierte Einfügen in eine Liste

Diese Abstraktion erzeugt eine neue Liste aus einer alten Liste und einem einzufügenden Wert. Der Wert wird der numerischen Reihenfolge gemäß in die gebildete Liste eingefügt. 'insert' benutzt ebenfalls rekursive Bezugnahme auf die eigene Abstraktion.

Listing 4.1: Abstraktion 'insert'
```
(define insert (lambda(x l)
                 (lif (nullp l)
                      (lcons x nil)
                      (lif (ltp x (lcar l))
                           (lcons x l)
                           (lcons (lcar l) (insert x (lcdr l)))))))
```

Listing 4.2: Anwendung der Abstraktion 'insert'
```
(define l1 (lcons one (lcons three (lcons four nil))))

(ldisp! (insert two l1))
                          -->1
                             2
                             3
                             4
```

Abstraktion für die Sortierung

Diese Abstraktion stellt eine Vorschrift dar für das Sortieren einer ungeordneten Liste von numerischen Abstraktionen. Sie verwendet die soeben beschriebene Abstraktion 'insert'.

Listing 4.3: Abstraktion 'insertion-sort'
```
(define insertion-sort (lambda(l)
                         (lif (nullp l)
                              nil
                              (insert (lcar l) (insertion-sort (lcdr l))))))
```

Listing 4.4: Anwendung der Abstraktion 'insertion-sort'
```
(define l1 (lcons four (lcons one (lcons three (lcons two nil)))))

(ldisp! l1)
                          -->4
                             1
                             3
                             2

(ldisp! (insertion-sort l1))
                          -->1
```

4.2 Rekursion

Hinter vielen Problemen, die in den meisten Programmiersprachen iterativ (d.h. mittels einer Programmschleife) gelöst werden, liegt oft versteckt eine rekursive Datenstruktur. In solchen Fällen ist eine im Allgemeinen rekursive Programmstruktur der iterativen vorzuziehen.

Der wichtige Begriff der Rekursion sei an dem Beispiel der Berechnung der Fakultät einer ganzen Zahl veranschaulicht.

Bekanntlich entspricht die Fakultät der Zahl 5 folgendem Ausdruck:

5! =   1 * 2 * 3 * 4 * 5

Natürlich lässt sich dieser Ausdruck auch so schreiben:

5! =   5 * 4 * 3 * 2 * 1

Für die Fakultät von 4 analog:

4! =   4 * 3 * 2 * 1

Wenn der Ausdruck für die Berechnung der Fakultät von 5 mit dem Ausdruck für die Berechnung Fakultät von 4 verglichen wird, sieht man ohne weiteres, dass die Fakultät von 4 in der Fakultät von 5 enthalten ist. Daraus folgt:

5! = 5 * 4!

Analog lässt sich dann fortfahren:

4! = 4 * 3!
3! = 3 * 2!
2! = 2 * 1!
1! = 1

Zusammenfassend lässt sich das selbe folgendermaßen in A++ - Notation darstellen:

```
(Fakultaet five)
(mult five (Fakultaet four))
(mult five (mult four (Fakultaet three)))
(mult five (mult four (mult three (Fakultaet two))))
(mult five (mult four (mult three (mult two (Fakultaet one)))))
(mult five (mult four (mult three (mult two one))))
(mult five (mult four (mult three two )))
(mult five (mult four six))
(mult five <24>)
120
```

Es wird hiermit veranschaulicht, wie sich die Fakultät einer Zahl berechnen lässt, indem man die Fakultät einer niedrigeren Zahl berechnet wird. Diese Verlagerung der Berechnung nach unten kann natürlich nicht beliebig fortgesetzt werden. Irgendwann muss die Rekursion ein Ende finden. In dem vorgestellten Beispiel ist dies der Fall, wenn man bei der Fakultät von 1 angelangt ist, weil hier die Antwort ohne weitere Berechnung gegeben werden kann, nämlich „1".

Abstraktion für die Berechnung der Fakultät

Nach diesen Erläuterungen kann die Funktion zur Berechnung der Fakultät einer Zahl in A++ problemlos definiert werden:

Listing 4.5: Abstraktion 'Fakultaet'

```
(define Fakultaet
   (lambda(n)
      (lif (equalp n one)
         one
         (mult n (Fakultaet (sub n one))))))
```

Listing 4.6: Anwendung der Abstraktion 'Fakultaet'

```
(ndisp! (Fakultaet five))
                    --> 120
```

Abstraktion für die Summation

Diese Funktion bildet die Summe aller Elemente einer Liste.

Listing 4.7: Abstraktion 'sum'

```
(define sum
   (lambda(l)
      (lif (nullp l)
         zero
         (add (lcar l) (sum (lcdr l))))))
```

Die Implementierung ist rekursiv, d.h. in der Abstraktion 'sum' wird Bezug genommen auf die Abstraktion 'sum' selbst. Bezüglich der rekursiven Programmierung siehe Abschnitt 4.2 auf der vorherigen Seite.
Wenn eine Liste als ein Paar betrachtet werden kann, das zusammengesetzt ist aus einem Wert und einer anderen Liste, so kann man die Abstraktion der Summation immer wieder auf die jeweiligen Listen anwenden, bis anstelle der anderen Liste 'nil' als zweites Element des Paares erscheint.

Die Abstraktion 'sum' prüft mit dem Aufruf von 'nullp' ab, ob 'nil' als Argument übergeben wurde. In diesem Fall wird als Summationswert die Zahl 'zero' zurückgegeben. Der durch den internen Aufruf von 'sum' zurückgegebene Wert wird dann für die Ermittlung der Teilsumme mit Hilfe von 'add' verwendet. Das mit Hilfe von 'add' ermittelte Zwischenergebnis wird dann wieder von 'sum' zurückgegeben bis die ganze ursprüngliche Liste von hinten nach vorne verarbeitet worden ist. Hinsichtlich der Abstraktionen 'nullp' und 'nil' siehe auch Abschnitt 3.5 auf Seite 19 und 3.5 auf Seite 18.

Listing 4.8: Anwendung der Abstraktion 'sum'

```
(define l1 (lcons one (lcons two (lcons three nil))))
(ndisp! (sum l1))
                    --> 6
```

Abstraktion für den Zugriff auf ein Element einer Liste

Mit der Funktion **nth** kann ein beliebiges Element aus einer Liste extrahiert werden. Das erste Argument bezeichnet den Index des Elementes und das Zweite die Liste.

Listing 4.9: Abstraktion 'nth'
```
(define nth
2   (lambda (n l)
      (lif (equalp n one)
4        (lcar l)
         (nth (sub n one) (lcdr l)))))
```

Listing 4.10: Anwendung der Abstraktion 'nth'
```
(define l1 (lcons one (lcons three (lcons four nil))))
2
  (ldisp! (nth two l1))
4                                          -->3
```

Abstraktion für die Iteration über die Elemente einer Liste

Mittels der Funktion **for-each** kann eine beliebige Prozedur auf jedes der Elemente einer Liste zur Anwendung gebracht werden. Diese Funktion liefert keinen Rückgabewert. Entscheidend sind hier die über die als Argument übergebene Prozedur erzeugten Nebenwirkungen.

Listing 4.11: Abstraktion 'for-each'
```
(define for-each
2   (lambda(procedure lis)
      (lif (nullp lis)
4        true
         ((lambda()
6           (procedure (lcar lis))
            (for-each procedure (lcdr lis)))))))
```

Listing 4.12: Anwendung der Abstraktion 'for-each'
```
(define l1 (lcons seven (lcons eight (lcons nine (lcons ten nil)))))
2
  (for-each ndisp! l1)
4                                          -->7
                                              8
6                                             9
                                             10
```

4.3 Imperative Programmierung in A++

In A++ ist neben dem funktionalen und dem objekt-orientierten Programmierstil auch der imperative Stil möglich.

> Das Wesentliche im **imperativen Programmierstil** ist das *Ausführen von Anweisungen* im Gegensatz zum *Auswerten von Ausdrücken* im **funktionalen Programmierstil**.

Bei der **Ausführung von Anweisungen** werden meistens irgendwo im Speicher Inhalte verändert. Diese Veränderungen werden als *Nebenwirkungen* bezeichnet und können unter Umständen gefährlich werden. Wenn es zu Programmabstürzen kommt, dann geschieht dies aufgrund solcher Nebenwirkungen, deren Auswirkungen nicht in vollem Umfang bedacht worden sind.

Im Gegensatz dazu wird bei der **Auswertung von Ausdrücken** am Status des Systems oder des Programms nichts verändert. Aus diesem Grunde wird die funktionale Programmierung von Vielen bevorzugt, da sie zu *sichereren, robusteren Programmen* führt, die außerdem noch einer mathematischen Verifikation unterzogen werden können.

4.3 Imperative Programmierung in A++

Wir haben uns entschlossen, in diesem Buch mit A++ allen drei Programmierstilen gerecht zu werden. Eine *wohlüberlegte Auswahl eines Programmierstils im Einzelfall* (bis in die einzelnen Abstraktionen hinein!) scheint uns die beste Lösung für praxisgerechte Programmierung.
In den drei folgenden Programmbeispielen im Kapitel 'Objekt-orientierte Programmierung in A++' werden *alle drei Paradigmen der Programmierung* zur Anwendung kommen.

Die folgende Abstraktion entspricht einer Anweisung und ist ein Beispiel für diesen imperativen Programmierstil.

Die Abstraktion 'while' in A++

Das in der Strukturierten Programmierung definierte DOWHILE-Konstrukt wird in vielen Programmiersprachen angeboten, um Programmschleifen zu realisieren. Im funktionalen Programmierstil wird ausschließlich die Rekursion benutzt, um Iterationen darzustellen. Wir haben dies weiter oben in den Abstraktionen kennengelernt, die eine Liste Element für Element abarbeiten.
In der hier gezeigten Schleifentechnik werden Lambda-Ausdrücke ihrer Nebeneffekte wegen wiederholt ausgeführt. Durch die Modifikation einer Variablen wird gesteuert, ob die Schleife erneut durchlaufen werden soll oder nicht. Dies entspricht eindeutig dem imperativen Programmierstil.
Das Erstaunliche an A++ ist, dass solch **ein 'while'-Konstrukt als Lambda-Abstraktion** definiert werden kann. In den meisten Programmiersprachen würde man sich vergeblich bemühen, dies zu bewerkstelligen.
Zu beachten ist, dass 'lambda' den ganzen zu wiederholenden Block von Anweisungen zusammenfasst. Dies ist notwendig, weil das 'while' als eine Funktion mit zwei Argumenten definiert ist. Das erste Argument ist die Bedingung für das Verbleiben in der Schleife und das zweite Argument sind die zu wiederholenden Anweisungen als ein Block. Eine Funktion mit einer variablen Anzahl von Argumenten ist in unserer Implementierung von A++ nicht vorgesehen.

Listing 4.13: Abstraktion "while"

```
(define while
  (lambda(c body)
    (define loop
      (lambda()
        (lif c
          ((lambda()
             (body)
             (loop)))
          false )))
    (loop)))

(define while-test
  (lambda(n)
    (while (gtp n zero)
      (lambda()
        (define n (pred n))
        (ndisp! n)))))
```

Eine Zusammenstellung aller Abstraktionen der letzten beiden Kapitel befindet sich in Abschnitt 7.3 auf Seite 68.

Kapitel 5

Objekt-Orientierte Anwendung von A++

5.1 Einleitung

Bildung von Klassen

Ein wertvolles Mittel der Programmstrukturierung ist die Bildung von Klassen, bei der mehrere Funktionen zu einer **Klasse von Funktionen** zusammengefasst werden. Voraussetzung dafür ist, dass die entsprechenden Funktionen einen gemeinsamen Bezugspunkt haben, wie z.B. alle Funktionen, die der Verarbeitung von ganzen Zahlen dienen, alle Funktionen, die Zeichenketten betreffen oder alle Ein/Ausgabefunktionen.

Mit der **Klassenbildung** wird der *Grundstein für die Objekt-Orientierung* gelegt. Siehe hierzu Abbildung 5.1.
In dieser Abbildung stehen die Symbole *Var 1, Var n* für Klassenvariable und können von allen Funktionen der Klasse angesprochen werden. Die Funktionen der Klasse werden auch als *Methoden* bezeichnet, und zwar besonders dann, wenn die Klasse im Hinblick auf die Objekt-Orientierung definiert wird.

Der **Unterschied** zwischen einer solchen *Klasse* und einem *Modul* ist im Wesentlichen, dass es von einer Klasse Instanzen geben kann und von einem Modul nicht.

Instanzen von Klassen

Eine Instanz einer Klasse ist wie folgt definiert:

> Eine Instanz einer Klasse ist eine *einmalige, unverwechselbare Ausprägung der entsprechenden Klasse* und enthält alle Funktionen der Klasse, sowie zusätzlich einen konkreten Status, der diese Instanz einmalig und unverwechselbar macht.

Das **Wort Instanz** ist abgeleitet vom lateinischen „*in-stare*" , d.h. „*in-sich-stehen*" . Mit dem „in-sich-stehen" wird auf die einmalige, unverwechselbare Ausprägung Bezug genommen.

Im Deutschen wird neuerdings vielfach das Wort **Exemplar** anstelle von Instanz verwendet. Der Status eines Exemplars oder einer Instanz wird implementiert mit Hilfe von sogenannten *Instanzvariablen*. In dem folgenden Bild werden diese Instanzvariablen durch die Symbole *IVar 1, IVar2 ...* dargestellt.

Klasseninstanzen werden auch **Objekte** genannt. Die Funktionen der Klasse werden dann als *Methoden* und die Instanzvariablen als *Attribute der Objekte* bezeichnet.

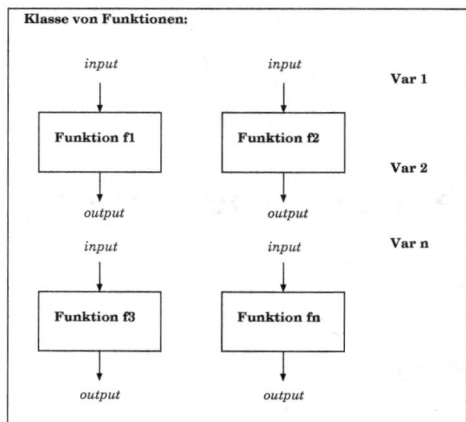

Abbildung 5.1: Klassenbegriff

Ein Objekt wird normalerweise von außen nur über dessen Methoden angesprochen. Das Objekt reagiert auf den Aufruf einer seiner Methoden mit einer bestimmten Dienstleistung. Die Attribute des Objektes werden von diesem ausschließlich selbst verwaltet, wenigstens bei strenger Anwendung des objekt-orientierten Paradigmas. Siehe hierzu die Abbildung 5.2. auf Seite 35.

Beispiele für Objekt-orientierung in A++

Wir werden im Folgenden an hand von drei Beispielen aufzeigen, wie objekt-orientierte Programmierung in A++ betrieben werden kann. In dem ersten einführenden Beispiel gibt es nur eine Klasse und zwei Exemplare. Das zweite Beispiel umfasst vier Klassen, um eine einfache Vererbungshierachie demonstrieren zu können. Das dritte Beispiel – eine einfache Bibliotheksverwaltung – ist um einige Stufen komplexer als die ersten beiden und demonstriert außer der Objekt-Technologie auch noch den Einsatz vieler der in den vorausgegangenen Kapiteln gemachten Abstraktionen.

5.2 Erstes Beispiel zur Objektorientierung in *A++*

Die einzige Klasse in diesem Beispiel beschreibt alle Objekte vom Typ **'Bankkonto'**. Alle Instanzen dieser Klasse besitzen ein Attribut, nämlich *'balance'* und vier Methoden. Siehe hierzu die Abbildung 5.3 auf der nächsten Seite. In dieser Abbildung und in den folgenden Beispielen benutzen wir die von Peter Coad empfohlene *Diagrammtechnik*, um Klassen und deren Beziehungen zueinander darzustellen. Siehe hierzu u.a. [CM97].

Konstruktor für Objekte der Klasse "account"

Der Konstruktor einer Klasse spielt in dem zu skizzierenden Verfahren die zentrale Rolle. Er wird bei jedem Aufruf eine neue Instanz seiner Klasse, d.h. ein Objekt erzeugen. Siehe hierzu Abbildung 5.4 auf Seite 36.

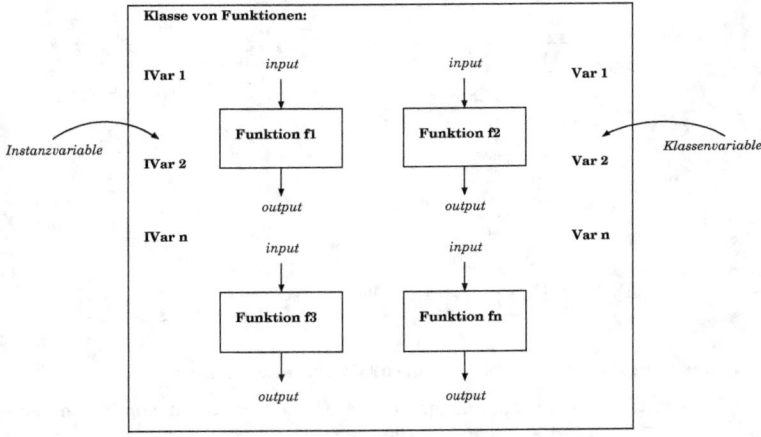

Abbildung 5.2: Instanzbegriff

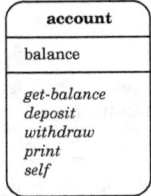

Abbildung 5.3: Klasse "account"

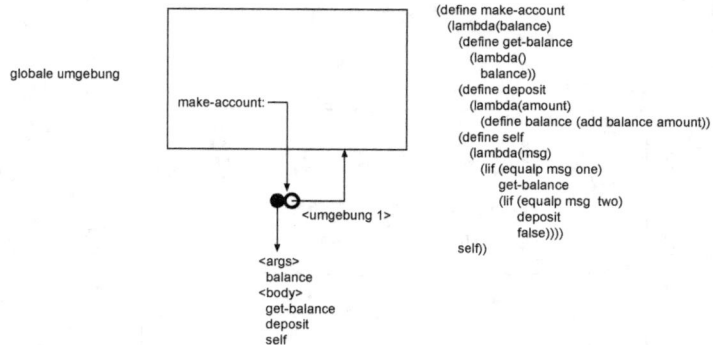

Abbildung 5.4: Konstruktor der Klasse "account"

Erzeugung des Objektes "acc1" durch Aufruf von "make-account"

Der Aufruf des Konstruktors erzeugt eine Instanz der Klasse "account" die im Weiteren über den Variablennamen `acc1` referenziert werden soll. Siehe hierzu Abbildung 5.5 auf Seite 37. In diesem und in den folgenden Abbildungen zu diesem Beispiel steht '<umgebung 1>' für die Heimat-Umgebung einer Abstraktion, die sich aus dem 'lexical scope' ergibt. '<umgebung 2>' dagegen steht für die Umgebung, die einer Funktion zur Ausführungszeit zugewiesen wird.

Senden der Botschaft "deposit" an das Objekt "acc1"

Da in A++ nur Zahlen, nämlich die 'Church Numerals' oder boole'sche Werte als Daten definiert sind, müssen wir der Botschaft `deposit` eine Zahl zuordnen. Dies ist im Konstruktor `make-account` mit `two` geschehen. Als nächstes wird also dem Objekt `acc1` die Botschaft `two` geschickt, um den aktuellen Kontostand zu erhöhen. Gemäß Protokoll erfolgt dies in zwei Schritten. Zuerst holen wir uns vom Objekt die Methode, die für die eigentliche Operation zuständig ist. Siehe hierzu Abbildung 5.6 auf Seite 38.

Ausführen der Funktion "deposit"

Im letzten Schritt wird die Methode im Objekt aufgerufen, die für das Modifizieren des Kontostandes zuständig ist. Siehe hierzu Abbildung 5.7 auf Seite 39!

5.2 Erstes Beispiel zur Objektorientierung in A++

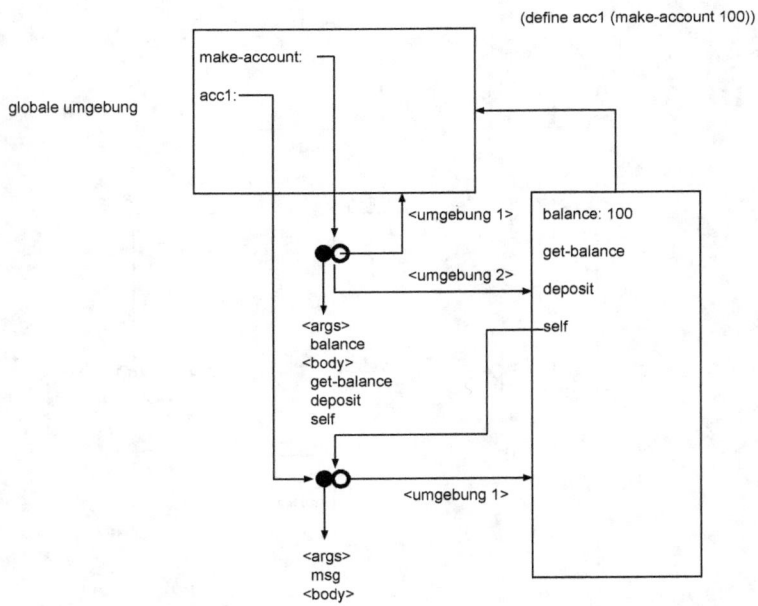

Abbildung 5.5: Aufruf des Konstruktors "make-account"

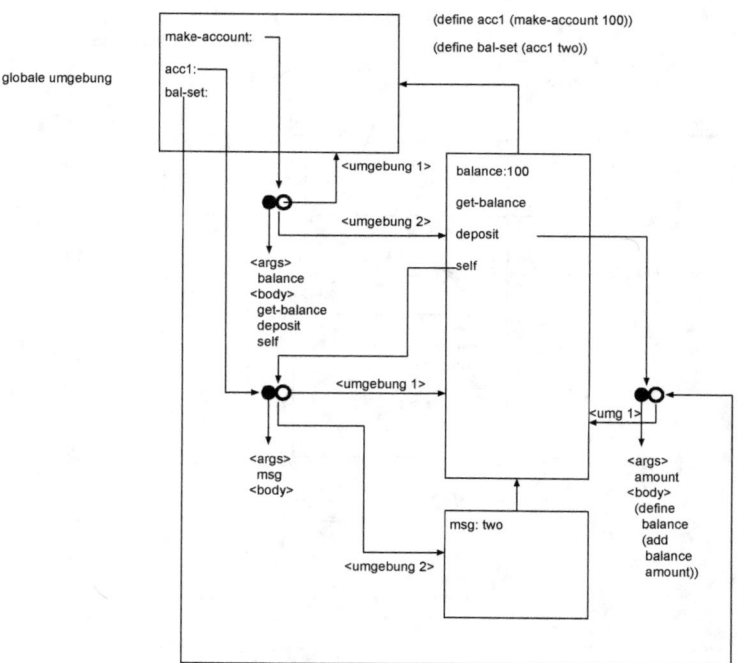

Abbildung 5.6: Senden einer Botschaft an "acc1"

5.2 Erstes Beispiel zur Objektorientierung in A++

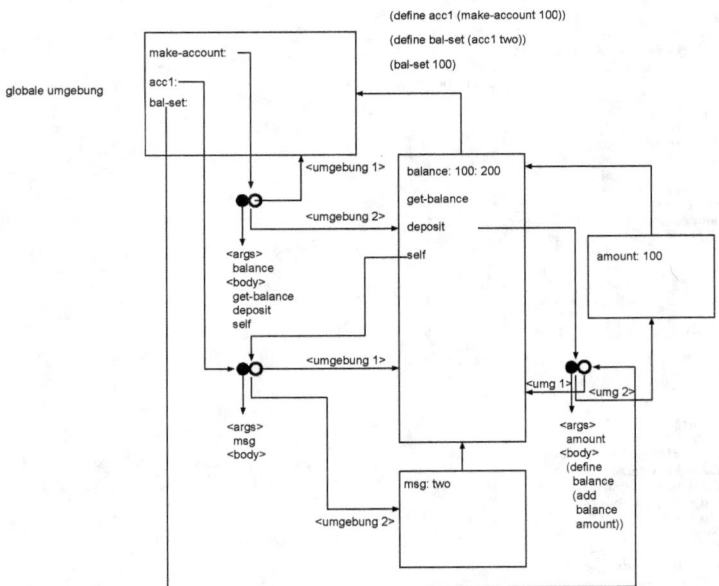

Abbildung 5.7: Ausführen der Methode "deposit"

Detaillierter Code in A++

Hier folgt nun der gesamte Code für dieses Beispiel.

Listing 5.1: Erstes Beispiel: Klasse "account" für Bankkonten

```
   (define make-account
2    (lambda(balance)
       (define get-balance
4        (lambda()
           balance))
6
       (define deposit
8        (lambda(amount)
           (define balance (add balance amount))
10           balance))

12       (define withdraw
         (lambda(amount)
14           (lif (gep balance amount)
              ((lambda()
16                 (define balance (sub balance amount))
                   balance))
18               false)))

20       (define print-account
         (lambda()
22           (ndisp! balance)))

24       (define self
         (lambda(msg)
26           (lif (equalp msg one)
                get-balance
28             (lif (equalp msg two)
                  deposit
30                 (lif (equalp msg three)
                    withdraw
32                   (lif (equalp msg four)
                      print-account
34                     false))))))

36       self))

38 (define konto
     (lambda()
40       (define k1 (make-account ten))
       (define k2 (make-account five))
42       (define msg-deposit two)
       (define msg-withdraw three)
44       (define msg-print four)

46       ((k1 msg-print))
       ((k1 msg-deposit) ten)
48       ((k1 msg-print))
       ((k1 msg-withdraw) four)
50       ((k1 msg-print))

52       ((k2 msg-print))
       ((k2 msg-deposit) nine)
54       ((k2 msg-print))
       ((k2 msg-withdraw) seven)
56       ((k2 msg-print)) ))
```

Listing 5.2: Anwendung der Prozedur 'konto'

```
   (konto)
2        ---> 10
            20
4            16
             5
6            14
             7
```

5.2 Erstes Beispiel zur Objektorientierung in A++

Anmerkungen zu dem ersten Beispiel zur Objektorientierung

Die **Klassenbildung** erfolgt nicht durch ein eigenes sprachliches Konstrukt, sondern wird *in den Konstruktor hinein verlagert*. Der Konstruktor ist eine Funktion, die bei jedem Aufruf ein neues Objekt erzeugt, d.h. eine neue Instanz einer Klasse. Alle Objekte, die von einem bestimmten Konstruktor erzeugt werden, haben die selben Eigenschaften und gehören deshalb der selben Klasse an. In unserem Beispiel heißt der Konstruktor 'make-account'. Er generiert ein Objekt der Klasse „Bankkonto".

Aufbau eines Konstruktors

Ein Konstruktor besteht aus folgenden Teilen:

1. **Argumente**
   Die Argumente des Konstruktors dienen der *Initialisierung der Objekte*. In unserem Beispiel wird ein Argument benutzt, nämlich des Anfangsguthabens des Kontos.

2. **Definition der Attribute des Objektes**
   Die Definition wird in A++ mit Hilfe von 'define' vorgenommen. *In unserem Beispiel haben wir kein Attribut*. Das Argument des Konstruktors wird gewissermaßen als Attribut missbraucht. Die Lebensdauer aller Variablen ist unbegrenzt gemäß dem unter "indefinite extent" Ausgeführten. Siehe dazu die Zeile 2.

3. **Definition der Methoden des Objektes**
   Die Definition wird nach den allgemeinen Regeln der Funktionsdefinition in A++ vorgenommen (mit 'define'). Siehe dazu die Programmzeilen 3, 7, 12, 20, 24.

4. **Definition der Spezial-Methode "self"**
   Der Name dieser Methode ist nicht zwingend, aber sinnvoll, *da diese Methode das eigentliche Objekt repräsentiert*.

5. **Rückgabewert des Konstruktors**
   Beim Aufruf des Konstruktors wird 'self' dem aufrufenden Programm als Repräsentation des Objektes zurückgegeben. In Wirklichkeit wird *nicht eine bloße Methode* zurückgegeben, *sondern eine "Lambda-Abstraktion"*, eine "closure". Eine solche beinhaltet nicht nur den Programm-Code, sondern auch *die gesamte unverwechselbare Umgebung*, die zu dieser Funktion gehört. Dazu gehören alle im Konstruktor gemachten Deklarationen und Definitionen, weil 'self' gemäß "lexical scope" auf all diese Dinge Zugriff hat. Siehe Zeilen 24-36.

Kommunikationsprotokoll mit dem Objekt

Der Benutzer des Objektes kommuniziert mit diesem über die Funktion 'self'. Es muss also in 'self' ein Protokoll für diese Kommunikation festgelegt werden. Dies sieht üblicherweise folgendermaßen aus: Dem Objekt wird vom Benutzer ein Symbol als Botschaft geschickt, wie z.B. 'get-balance' oder 'deposit' etc. Die 'self'-Methode erkennt diese Botschaft (Zeilen 26ff) und schickt die Funktion zurück, die für die Beantwortung der Botschaft zuständig ist. Der Benutzer kann nun diese Funktion mit den nötigen Parametern aufrufen.

Es ist für das Verständnis wichtig zu sehen, dass mit dem Objekt in diesen zwei Schritten kommuniziert wird, wenn man das Objekt veranlassen will, eine Dienstleistung zu erbringen.

Anmerkungen zum Aufruf der Funktion 'konto'

In der Funktion *konto* ist eine kleine beispielhafte Liste von Kontobewegungen zusammengestellt. Zuerst allerdings werden einige Abstraktionen vorgenommen:

- In der **ersten** Abstraktion wird ein Konto mit dem Anfangssaldo 'ten' erzeugt und mit dem Namen 'k1' versehen.

- Die **zweite** Abstraktion besteht aus der Erzeugung des Kontos 'k2' mit dem Anfangssaldo 'five'.

- In der **dritten** Definition wird der Name *'msg-deposit'* eingeführt, dem der Wert 'two' gegeben wird. Weiter unten, in den Zeilen 313 und 319 wird dieser Name benutzt, um einem Objekt eine Botschaft zu senden oder anders ausgedrückt, um eine Einzahlung auf ein Konto zu veranlassen.

- In der **vierten** Definition wird analog *'msg-withdraw'* als Name für die Transaktion des Abhebens von einem Konto eingeführt.

- In der **letzten** Definition wird ein Symbol für die *Druckfunktion* festgelegt.

Nach der Definition dieser Symbole, die für irgendwelche Botschaften stehen, die ein Konto in der Lage sein muss auszuführen, werden den beiden Konten einige dieser Botschaften geschickt. Die Botschaften an 'k1' sind wie folgt zu interpretieren:

- *Ausdruck* des Kontostandes an 'k1'.
- *Einzahlung* von 'ten' an Konto 'k1'.
- *Ausdruck* des Kontostandes an 'k1'.
- *Abheben* von 'four' an Konto 'k1'.
- *Ausdruck* des Kontostandes an 'k1'.

Analog werden 'k2'-Transaktionen veranlasst.

Auf eine *Besonderheit* sollte noch hingewiesen werden: In dem besprochenen Code werden die Transaktionen des Einzahlens und des Abhebens jeweils in zwei Schritten durchgeführt:

- **Senden der Botschaft** an das Konto: z.B. `(k1 msg-deposit)`. Das Konto liefert nicht unmittelbar die Erfolgsmeldung zurück, sondern vielmehr das Werkzeug, mit dem die Einzahlung durchgeführt werden kann, d.h. die Methode, die aufgerufen werden muss.

- **Aufruf der** vom Objekt 'Konto x' gelieferten **Methode** mit dem entsprechenden Argument. In unserem Beispiel: (... ten).

Zum besseren Verständnis der Grundlagen, haben wir diese zwei Schritte nicht versteckt in fortgeschrittenen Abstraktionen. Dies ist jedoch möglich und wird in **Programmierung pur** gezeigt.

5.3 Zweites Beispiel zur Objektorientierung in *A++*

In diesem Beispiel werden fünf Klassen benutzt, um eine einfache Vererbungshierarchie in A++ zu demonstrieren. Es sind dies die Klassen *'base-object-class'*, *'tierheim'*, *'tier'*, *'hund'* und *'katze'*. Siehe hierzu die Abbildung 5.8 auf der nächsten Seite.

5.3 Zweites Beispiel zur Objektorientierung in A++

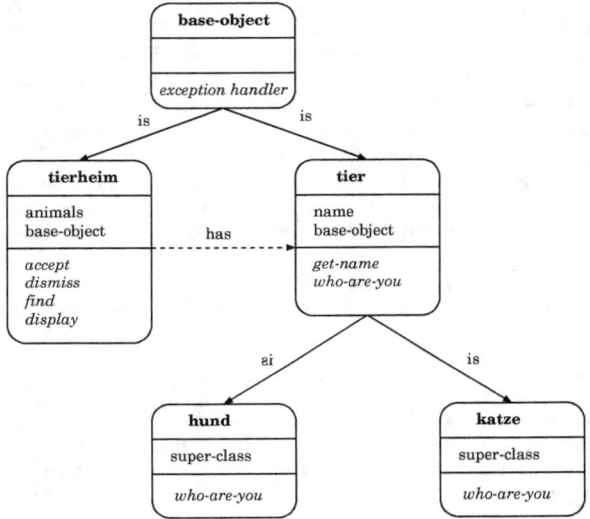

Abbildung 5.8: Tierheim: Klassendiagramm

Anmerkung zu den einzelnen Klassen

Klasse: 'base-object-class'

Dies ist die oberste aller Klassen, die hier im Wesentlichen der Fehlererkennung dient. Wenn eine Botschaft an ein Objekt von diesem nicht erkannt wird, dann wird sie in der Hierarchie weiter nach oben gereicht. Dies setzt voraus, dass all Objekte nach oben hin mit einer Instanz der Klasse 'base-object-class' verbunden sind. Landet dann eine Botschaft in diesem obersten Objekt, dann wurde sie weiter unten nicht erkann und damit handelt es sich um einen Fehlerfall.

Klasse: 'tierheim'

Ein Objekt der Klasse 'tierheim' hat die Funktion Tiere, d.h. Hunde oder Katzen aufzunehmen, sie gegebenenfalls zu entlassen und bei Bedarf alle Bewohner des Tierheims aufzulisten.

Anmerkungen zu Listing 5.7 auf Seite 47 In Zeile 3 finden wir die Definition des einen *Attributes* dieser Klasse.
In der Methode *'accept'* wird in Zeile 8 nach dem aufzunehmenden Tier im Tierheim gesucht. Hierzu wird die Funktion *'locate'* verwendet. Siehe hierzu auch 3.8 auf Seite 24. Wird das Tier nicht gefunden (Zeile 10) kann es aufgenommen werden (Zeile 11), andernfalls kann die Aufnahme naturgemäß nicht durchgeführt werden (Zeile 13).
Die Zeilen 10-12 stellen ein *auffälliges Lambda-Konstrukt* dar, das uns später noch oft begegnen wird. In A++ können mehrere Ausdrücke hintereinander nur in dem 'body' einer Lambda-Abstraktion vorkommen. Wir brauchen so etwas hier, da wir nach der Ausführung

einer 'define'-Anweisung (imperativer Programmierstil!) den Wert 'true' aus der aktuellen Funktion zurückliefern wollen.
Wir verkapseln also diese 'define'-Anweisung und die Rückgabe des Wertes 'true' in eine Lambda-Abstraktion und übergeben letztere dem Interpreter zur Auswertung.
Dies sollte die zwei Klammern vor dem 'lambda' erklären.

In der Methode *dismiss* wird in Zeile 20 die Abstraktion *'remove'* verwendet, um ein Objekt aus einer Liste zu entfernen. Siehe hierzu Abschnitt 3.8 auf Seite 24.

In der Methode *'find'* wird in Zeile 26 die Abstraktion *'locatex'* verwendet. Diese Unterscheidet sich von 'locate' dadurch, dass im Falle des Auffindens des gesuchten Objektes das Objekt selbst und nicht der Wert 'true' zurückgegeben wird. Siehe hierzu auch Abschnitt 3.8 auf Seite 24.

In der Methode *'display'* wird in Zeile 33 die Abstraktion *'for-each'* eingesetzt, um allen Tieren die Botschaft 'who-are-you' zu senden. Siehe hierzu Abschnitt 4.2 auf Seite 30.

Klasse: 'tier'

Die Klasse 'tier' ist eine abstrakte Basisklasse, d.h. sie dient nur dazu das Gemeinsame von untergeordneten Klassen darzustellen. Es gibt theoretisch keine Instanzen dieser Klasse, sondern nur Instanzen von abgeleiteten Klassen. (Dies wird deutlich in C++ und Java.) Praktisch aber haben wir in A++ wegen der Implementierung von Vererbung durch Delegieren immer Instanzen von Klassen als Bindeglieder zu den übergeordneten Klassen.

Alle Objekte der untergeordneten Klassen haben je einen Namen und reagieren auf die Botschaft: 'who-are-you'. Die Methoden, die auf diese Botschaft reagieren, müssen allerdings in den abgeleiteten Klassen implementiert werden. Sollte dies unterlassen werden, würde die Methode in der Klasse 'tier' aufgerufen werden, die dann eine Fehlerfallbehandlung einzuleiten hätte.

Anmerkungen zu Listing 5.4 auf Seite 46 In der Zeile 3 wird das *Attribut* 'name' definiert und in der Zeile 4 die Verknüpfung zur *Super-Klasse*.

Die zwei *Methoden* in den Zeilen 6 und 10 bedürfen keines Kommentares.

Zeile 14 definiert eine *Closure*, die das Objekt selbst darstellt. Sie hat deshalb die Aufgabe, alle *Botschaften* an das Objekt zu interpretieren und zu beantworten. Wenn eine Botschaft nicht direkt beantwortet werden kann, wird sie weitergeleitet an das Objekt der Super-Klasse (Zeile 20).

Klasse: 'hund'

Objekte der Klasse Hund reagieren auf die Botschaft 'who-are-you' mit "Wau wau" und dem entsprechenden Namen des Hundes. Den Namen erben die Hunde von der Klasse 'tier'.

Die Methode 'who-are-you' muss in dieser Klasse implementiert werden, obwohl es in der übergeordneten Klasse 'tier' bereits eine solche gibt. Letztere wird aber nur im Notfall benutzt, was immer eine Ausnahmesituation auslösen würde.

Anmerkungen zu Listing 5.5 auf Seite 46 In Zeile 3 wird der Konstruktor für das Objekt der Super-Klasse aufgerufen.

Die Methode 'who-are-you' holt sich den Namen vom Objekt der Super-Klasse. [1]

---

[1] In Sprachen wie C++ und Java würde das erben der Attribute von der Superklasse automatisch geschehen.

5.3 Zweites Beispiel zur Objektorientierung in A++

Die Abstraktion 'equalx' in der Methode 'who-are-you' ist nicht mit der Basis-Abstraktion 'equalp' zu verwechseln. 'equalx' ist eine Primitivfunktion, die Objekte alle Klassen miteinander vergleichen kann (hier zwei Symbole), während die Basisabstraktion 'equalp' nur in der Lage ist numerische Abstraktionen (Church-Numerals) zu verarbeiten.

Klasse: 'katze'

Objekte der Klasse Katze reagieren auf die Botschaft 'who-are-you' mit "Miau miau" und dem entsprechenden Namen der Katze. Auch Katzen erben den Namen von der Klasse 'tier'.

Auch hier muss die Methode 'who-are-you' implementiert werden.

Beziehungen zwischen den Klassen

In der Abbildung 5.9 auf Seite 50 werden die Relationen zwischen den Klassen durch Schlüsselwörter wie 'is' und 'hat' sowie durch die Art der Verbindunglinie dargestellt. Die zwei verschiedenen Schlüsselwörter bringen zum Ausdruck, dass wir es hier mit zwei unterschiedlichen Beziehungen zu tun haben:

- **Ist-Relation:** Mit dieser Bezeichnung wird die Beziehung zwischen Objekten einer abgeleiteten Klasse und der übergeordneten Klasse ausgedrückt. So z.B. 'ein Hund ist ein Tier'. Hier haben wir also eine Vererbungshierarchie.

- **Hat-Relation:** Hiermit wird ausgedrückt, dass Objekte einer Klasse ein oder mehrere Objekte einer anderen Klasse enthalten. Diese Art von Beziehung wird in unserem Diagramm mittels einer gestrichelten Linie dargestellt.

Zusammenfassung

Das anhand dieses Beispiels beschriebene Verfahren der Klassenbildung enthält alle drei Elemente der Objekt-Orientierung.

1. **Verkapselung**
   In einem Objekt sind Eigenschaften oder Attribute mit den Funktionen oder Methoden als Einheit zusammengebunden. Die Attribute können von außen nicht angesprochen werden. Die Aussenwelt kommuniziert mit einem Objekt nur über dessen Methoden.

2. **Vererbung**
   Bei der Vererbung besitzt ein Objekt automatische alle Eigenschaften und Methoden, die in einer übergeordneten Klasse definiert sind.

   In A++ realisieren wird diese Forderung mittels der Technik der *Delegation*. In dem Buch *Java Design - Building better Apps & Applets* von Peter Coad und Mark Mayfield wird 'Delegation' favorisiert gegenüber 'Vererbung', so wie sie standardmäßig z.B. in C++ und Java praktiziert wird.[2].

3. **Polymorphismus oder Polymorphie** Wir verstehen darunter in der objekt-orientierten Technologie, dass verschiedene Objekte auf diegleiche Botschaft auf ihre je eigene Weise reagieren. Als deutliches Beispiel kann die 'print-yourself'-Botschaft angeführt werden. Wie ein Objekt sich auf dem Bildschirm darstellt und was dazu intern notwendig ist, kann extrem unterschiedlich sein.

---

[2]Siehe [CM97] Kapitel 2: "Design with Composition, Rather than Inheritance", Seite 49.

Listing 5.3: Basisklasse für alle Klassen

```
  (define make-base-object
2   (lambda()
    (lambda(msg)
4   (print "Botschaft:-->")
    (print msg)
6   (print " wird vom Objekt nicht verstanden!"))))
```

Listing 5.4: Tierheim: Klasse 'tier'

```
  (define make-tier
2   (lambda(aname)
    (define name aname)
4   (define base-object (make-base-object))

6   (define get-name
    (lambda()
8     name))

10  (define who-are-you
    (lambda()
12    (print "error: method who-are-you not implemented")))

14  (define self
    (lambda(msg)
16    (lif (equalx msg 'get-name)
         get-name
18       (lif (equalx msg 'who-are-you)
           who-are-you
20         (base-object msg)))))
    self))
```

Listing 5.5: Tierheim: Klasse 'hund'

```
  (define make-hund
2   (lambda(aname)
    (define super (make-tier aname))
4
    (define who-are-you
6   (lambda()
    (print "Wau wau: ")
8   (print ((super 'get-name)))))

10  (define self
    (lambda(msg)
12    (lif (equalx msg 'who-are-you)
         who-are-you
14       (super msg))))
    self))
```

Listing 5.6: Tierheim: Klasse 'katze'

```
  (define make-katze
2   (lambda(aname)
    (define super (make-tier aname))
4
    (define who-are-you
6   (lambda()
    (print "Miau miau: ")
8   (print ((super 'get-name)))))

10  (define self
    (lambda(msg)
12    (lif (equalx msg 'who-are-you)
         who-are-you
14       (super msg))))
    self))
```

5.3 Zweites Beispiel zur Objektorientierung in A++

Listing 5.7: Tierheim: Klasse 'tierheim'

```
(define make-tierheim
  (lambda()
    (define animals nil)
    (define super (make-base-object))

    (define accept
      (lambda(atier)
        (define xtier (locate (lambda(x) (equalx atier x)) animals))
        (lif (equalx xtier false)
             ((lambda()
                (define animals (lcons atier animals))
                true))
             false)))

    (define dismiss
      (lambda(atier)
        (define xtier (locate (lambda(x) (equalx atier x)) animals))
        (lif (equalx xtier false)
             false
             ((lambda()
                (define animals (remove atier animals))
                true)))))

    (define find
      (lambda(aname)
        (define xtier (locatex (lambda(x)
                                  (equalx aname ((x 'get-name))))
                               animals))
        xtier))

    (define display
      (lambda()
        (for-each (lambda(x) ((x 'who-are-you))) animals)))

    (define self
      (lambda(msg)
        (lif (equalx msg 'accept)
             accept
             (lif (equalx msg 'dismiss)
                  dismiss
                  (lif (equalx msg 'find)
                       find
                       (lif (equalx msg 'display)
                            display
                            (super msg)))))))
    self))
```

Listing 5.8: Tierheim: Testlauf

```
(define Tierheim
  (lambda()
    (define kennel    (make-tierheim))
    (define ls        nil)
    (print " ")

    (define bello     (make-hund "bello"))
    (define inka      (make-hund "inka"))
    (define muschi    (make-katze "muschi"))
    (define missi     (make-katze "missi"))
    (print " ")

    ((bello  'who-are-you))
    ((muschi 'who-are-you))
    (print " ")

    ((kennel 'accept) bello)
    ((kennel 'accept) inka)
    ((kennel 'accept) muschi)
    ((kennel 'accept) missi)
    (print " ")

    (define found ((kennel 'find) "muschi"))
    (lif (equalx found false)
         (print "Muschi not found!")
         ((found 'who-are-you)))
```

```
28          (print "␣")

30          (print "begin␣of␣tierheim")
            ((kennel 'display))
32          (print "end␣of␣tierheim")
            (print "␣")
34
            ((kennel 'dismiss) missi)
36          ((kennel 'dismiss) bello)
            (print "␣")
38
            (print "begin␣of␣tierheim")
40          ((kennel 'display))
            (print "end␣of␣tierheim")
42          (print "␣")

44          (define found ((kennel 'find) "inka"))
            (lif (equalx found false)
46               (print "Inka␣not␣found!")
                 ((found 'who-are-you)))
48          (print "␣")

50          (define found ((kennel 'find) "missi"))
            (lif (equalx found false)
52               (print "Missi␣not␣found!")
                 ((found 'who-are-you)))
54          (print "␣")

56          (print "begin␣of␣tierheim")
            ((kennel 'display))
58          (print "end␣of␣tierheim")
            (print "␣")
60
            ((muschi 'who-are-you))
62          ((kennel 'accept) muschi)
            (print "␣")
64
            (print "begin␣of␣tierheim")
66          ((kennel 'display))
            (print "end␣of␣tierheim")
68        ))
```

Listing 5.9: Tierheim: Ausgabeprotokoll des Testlaufs

```
     —>
 2   —>Wau wau:
     —>bello
 4   —>Miau miau:
     —>muschi
 6   —>
     —>
 8   —>Miau miau:
     —>muschi
10   —>
     —>begin of tierheim
12   —>Miau miau:
     —>missi
14   —>Miau miau:
     —>muschi
16   —>Wau wau:
     —>inka
18   —>Wau wau:
     —>bello
20   —>end of tierheim
     —>
22   —>
     —>begin of tierheim
24   —>Miau miau:
     —>muschi
26   —>Wau wau:
     —>inka
28   —>end of tierheim
     —>
30   —>Wau wau:
     —>inka
32   —>
```

```
34  ——>           ——>Missi not found!
36  ——>begin of tierheim
                  ——>Miau miau:
                  ——>muschi
38                ——>Wau wau:
                  ——>inka
40                ——>end of tierheim
    ——>
42                ——>Miau miau:
                  ——>muschi
44  ——>
                  ——>begin of tierheim
46                ——>Miau miau:
                  ——>muschi
48                ——>Wau wau:
                  ——>inka
50                ——>end of tierheim
    void
```

5.4 Drittes Beispiel zur Objektorientierung in A++

In diesem komplexeren Beispiel geht es um eine einfache Bibliotheksverwaltung. Es werden folgende sechs Klassen benutzt: 'base-object-class', 'library', 'book', 'person', 'author' und 'reader'. Siehe hierzu die Abbildung 5.9 auf der nächsten Seite.

Anmerkung zu den einzelnen Klassen

Klasse: 'base-object-class'

Bezüglich dieser Klasse dasselbe wie in dem vorigen Beispiel vom Tierheim.

Klasse: 'library'

Diese Klasse beschreibt eine Bibliothek, die allerdings in diesem Beispiel auch die Rolle eines Verlages übernimmt. Bücher können gekauft (vom Author), verkauft (an Leser), verliehen (an Leser) und wieder zurückgenommen (vom Leser) werden. In der Bibliothek werden demgemäß die Daten der Bücher und Leser verwaltet, mit denen die Bibliothek etwas zu schaffen hat.

Die Bibliothek muß Methoden besitzen um Bücher kaufen und verkaufen zu können und ebenso um Bücher zu verleihen und wieder zurückzunehmen.

Anmerkungen zu Listing 5.15 auf Seite 54 In den Zeilen 3-5 werden die drei *Attribute* dieser Klasse definiert: 'name', 'books', 'readers'.

In der Zeile 38 wird die Liste der in die Bibliothek aufgenommenen Bücher neu gebildet und dem Attribut 'books' zugeordnet. Es sei darauf hingewiesen, dass es in A++ keine separate Zuordnungsanweisung wie in anderen imperativen Programmiersprachen gibt. Die 'define'-Anweisung überprüft, ob die Variable in der aktuellen Umgebung schon existiert. Wenn dies der Fall ist, wird lediglich der zugeordnete Wert geändert, andernfalls wird eine Neudefinition im lokalen Datenbereich vorgenommen.

Die Abstraktionen *'search-book-aux'* und *'search-book'* in den Zeilen 8 und 16 sind interne Hilfsfunktionen zum Suchen nach einem Buch. Die bereits weiter oben angetroffene Abstraktion 'locate' und 'locatex' reichen in diesem Fall nicht aus, weil als Argument nicht das zu suchende Buch zur Verfügung steht, sondern nur Autor und Titel des Buches. Die Funktion 'search-book' nimmt die beiden Argumente entgegen und bildet die Argumente für die rekursive Funktion 'search-book-aux', die die eigentliche Sucharbeit durchführt. Verwendet wird die Suchfunktion von den Methoden *'sell-book'* und *'lend-book'*.

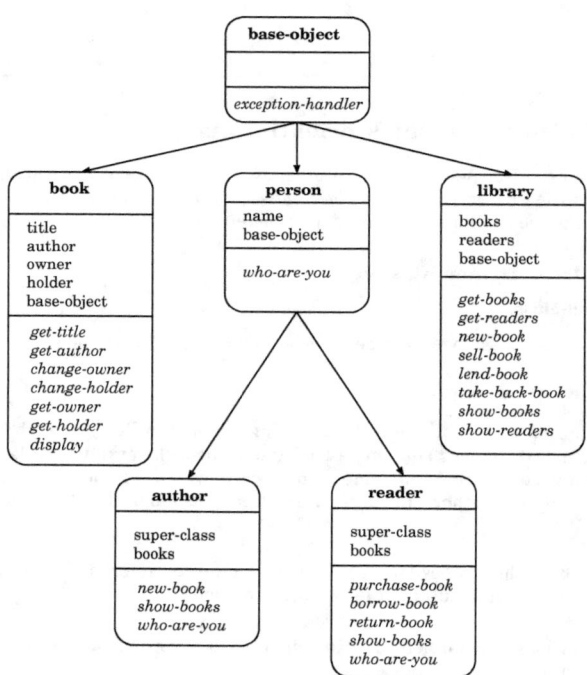

Abbildung 5.9: Bibliotheksverwaltung: Klassendiagramm

5.4 Drittes Beispiel zur Objektorientierung in A++

Die Methoden 'sell-book', 'lend-book' und 'take-back-book' sind etwas komplexer, weil sie die Durchführbarkeit dieser Aufträge überprüfen müssen. Von der technologischen Seite sind auf der Basis der bisherigen Kommentar keine weiteren nötig.

Klasse: 'book'

Ein Buch muss einen Titel und einen Author haben. Außerdem muss ersichtlich sein, wem das Buch gehört und in wessen Besitz es sich im Augenblick befindet.

Das Buch muß natürlich Methoden besitzen, um Eigentümer und Besitzer ändern zu können.

Klasse: 'person'

Diese Klasse ist eine abstrakte Basisklasse, von der die Klassen 'author' und 'reader' abgeleitet sind. Sie hat als Attribut lediglich den Namen, der dem Objekt der untergeordneten Klasse zukommt.

Klasse: 'author'

Objekte der Klasse 'author' besitzen eine Lister aller Bücher des betreffenden Autors und eine Methode zum verkaufen des Buches an den Verlag (hier Bibliothek).

Klasse: 'reader'

Alle Objekte der Klasse 'reader' haben eine Liste aller im Besitz befindlichen Bücher (gekauft oder geliehen) und Methoden zum Kaufen, Ausleihen und zum Zurückgeben von Büchern.

Listing 5.10: Basisklasse für alle Klassen

```
  (define make-base-object
2   (lambda()
      (lambda(msg)
4       (print "Botschaft -->")
        (print  msg)
6       (print " wird vom Objekt nicht verstanden!"))))
```

Listing 5.11: Bibliotheksverwaltung: Klasse 'person'

```
  (define make-person
2   (lambda(aname)
      (define name aname)
4     (define base-object (make-base-object))

6     (define get-name
        (lambda()
8         name))

10    (define who-are-you
        (lambda()
12        (print "error: method who-are-you not implemented")))

14    (define self
        (lambda(msg)
16        (lif (equalx msg 'get-name)
                name
18              (lif (equalx msg 'who-are-you)
                     who-are-you
20                   (base-object msg)))))
      self))
```

Listing 5.12: Bibliotheksverwaltung: Klasse 'author'

```
(define make-author
  (lambda(aname)
    (define books nil)
    (define super (make-person aname))

    (define new-book
      (lambda(atitle library)
        (define nbook (make-book atitle self))
        (define books (lcons nbook books))
        ((library 'new-book) nbook)
        nbook))

    (define show-books
      (lambda()
        (for-each (lambda(x) ((x 'display))) books)))

    (define who-are-you
      (lambda()
        (print (super 'get-name))))

    (define self
      (lambda(msg)
        (lif (equalx msg 'new-book)
             new-book
             (lif (equalx msg 'show-books)
                  show-books
                  (lif (equalx msg 'who-are-you)
                       who-are-you
                       (super msg))))))
    self))
```

Listing 5.13: Bibliotheksverwaltung: Klasse 'reader'

```
(define make-reader
  (lambda(aname)
    (define name aname)
    (define books nil)
    (define super (make-person aname))

    (define get-name
      (lambda()
        name))

    (define purchase-book
      (lambda(nm atitle library)
        (define nbook ((library 'sell-book) nm atitle self))
        (lif (equalx nbook false)
             false
             ((lambda()
                (define books (lcons nbook books))
                nbook)))))

    (define borrow-book
      (lambda(nm atitle library)
        (define nbook ((library 'lend-book) nm atitle self))
        (lif (equalx nbook false)
             false
             ((lambda()
                (define books (lcons nbook books))
                nbook)))))

    (define return-book
      (lambda(abook library)
        (lif ((library 'take-back-book) abook self)
             ((lambda()
                (define books (remove abook books))
                true))
             false )))

    (define show-books
      (lambda()
        (for-each (lambda(x) ((x 'display))) books)))

    (define who-are-you
      (lambda()
```

```
                   (print (super 'get-name))))
44
       (define self
46       (lambda(msg)
           (lif (equalx msg 'purchase-book)
48              purchase-book
                (lif (equalx msg 'borrow-book)
50                  borrow-book
                    (lif (equalx msg 'return-book)
52                      return-book
                        (lif (equalx msg 'show-books)
54                          show-books
                            (lif (equalx msg 'who-are-you)
56                              who-are-you
                                (super msg))))))))
58     self))
```

Listing 5.14: Bibliotheksverwaltung: Klasse 'book'

```
  (define make-book
2   (lambda(atitle anauthor)
      (define title atitle)
4     (define author anauthor)
      (define owner anauthor)
6     (define holder anauthor)
      (define base-object (make-base-object))
8
      (define get-title
10      (lambda()
          title))
12
      (define get-author
14      (lambda()
          author))
16
      (define get-owner
18      (lambda()
          owner))
20
      (define get-holder
22      (lambda()
          holder))
24
      (define change-owner
26      (lambda(new-owner)
          (define owner new-owner)))
28
      (define change-holder
30      (lambda(new-holder)
          (define holder new-holder)))
32
      (define display
34      (lambda()
          (print "book:")
36        (print title)
          (print "by:")
38        ((author 'who-are-you))
          (print "owner:")
40        ((owner 'who-are-you))
          (print "holder:")
42        ((holder 'who-are-you))
          (print "end-of-book")))
44
      (define self
46      (lambda(msg)
          (lif (equalx msg 'get-title)
48            get-title
              (lif (equalx msg 'get-author)
50              get-author
                (lif (equalx msg 'get-owner)
52                get-owner
                  (lif (equalx msg 'get-holder)
54                  get-holder
                    (lif (equalx msg 'change-owner)
56                    change-owner
                      (lif (equalx msg 'change-holder)
58                      change-holder
```

```
                              (lif (equalx msg 'display)
60                                 display
                                   (base-object msg)))))))))
62         self))
```

Listing 5.15: Bibliotheksverwaltung: Klasse 'library'

```
   (define make-library
2    (lambda(aname)
       (define name aname)
4      (define books nil)
       (define readers nil)
6      (define base-object (make-base-object))

8      (define search-book-aux
         (lambda(pred anauthor atitle l)
10          (lif (nullp l)
                 false
12               (lif (pred anauthor atitle (lcar l))
                      (lcar l)
14                    (search-book-aux pred anauthor atitle (lcdr l))))))

16     (define search-book
         (lambda(anauthor atitle)
18         (search-book-aux
             (lambda(author title x)
20             (lif (land (equalx author ((x 'get-author)))
                          (equalx title  ((x 'get-title))))
22                  true
                    false))
24           anauthor atitle books)))

26     (define get-books
         (lambda()
28         books))

30     (define get-readers
         (lambda()
32         readers))

34     (define new-book
         (lambda(abook)
36         ((abook 'change-owner) self)
           ((abook 'change-holder) self)
38         (define books (lcons abook books))
           abook))
40
       (define sell-book
42       (lambda(author atitle reader)
           (define abook (search-book author atitle))
44         (lif (equalx abook false)
                false
46              ((lambda()
                   (lif (equalx ((abook 'get-holder)) self)
48                      ((lambda()
                           (define xreader
50                           (locate (lambda(x)
                                       (equalx reader x)) readers))
52                         (lif (equalx xreader false)
                                (define readers (lcons reader readers))
54                              false)
                           ((abook 'change-owner) reader)
56                         ((abook 'change-holder) reader)
                           abook))
58                      false))))))

60     (define lend-book
         (lambda(author atitle reader)
62         (define abook (search-book author atitle))
           (lif (equalx abook false)
64              false
                ((lambda()
66                 (lif (equalx ((abook 'get-holder)) self)
                        ((lambda()
68                         (define xreader
                             (locate (lambda(x)
70                                     (equalx reader x)) readers))
```

5.4 Drittes Beispiel zur Objektorientierung in A++

```
                            (lif (equalx xreader false)
72                              (define readers (lcons reader readers))
                                false)
74                          ((abook 'change-holder) reader)
                            abook))
76                          false))))))

78    (define take-back-book
        (lambda(abook reader)
80        (define xreader (locate (lambda(x) (equalx reader x)) readers))
          (lif (equalx xreader false)
82            false
              ((lambda()
84                (lif (equalx reader ((abook 'get-holder)))
                     ((lambda()
86                       (define xbook
                           (locate (lambda(x) (equalx abook x))
88                                 books))
                         (lif (equalx xbook false)
90                           false
                             (lif (equalx ((abook 'get-owner)) self)
92                               ((lambda()
                                   ((abook 'change-holder) self)
94                                 true))
                                 false))))
96                   false))))))

98    (define show-books
        (lambda()
100       (for-each (lambda(x) ((x 'display))) books)))

102   (define show-readers
        (lambda()
104       (for-each (lambda(x)
                      ((x 'who-are-you))) readers)))

106
      (define who-are-you
108     (lambda()
          (print name)))
110
      (define self
112     (lambda(msg)
          (lif (equalx msg 'get-books)
114            get-books
               (lif (equalx msg 'get-readers)
116                get-readers
                   (lif (equalx msg 'new-book)
118                    new-book
                       (lif (equalx msg 'sell-book)
120                        sell-book
                           (lif (equalx msg 'lend-book)
122                            lend-book
                               (lif (equalx msg 'take-back-book)
124                                take-back-book
                                   (lif (equalx msg 'show-books)
126                                    show-books
                                       (lif (equalx msg 'show-readers)
128                                        show-readers
                                           (lif (equalx msg 'who-are-you)
130                                            who-are-you
                                               (base-object msg)))))))))))
132   self))
```

Listing 5.16: Bibliotheksverwaltung: Testlauf

```
      (define Bibliothek
2       (lambda()
          (define mylib      (make-library "net-library"))
4
          (define church     (make-author "Church"))
6         (define kamin      (make-author "Kamin"))
          (define chazarain  (make-author "Chazarain"))
8
          ((church    'new-book) "The_Calculi_of_Lambda_Conversion" mylib)
10        ((kamin     'new-book) "Programming_Languages:_An_Interpreter_Based_Approach"
                                 mylib)
12        ((chazarain 'new-book) "Programmer_avec_Scheme" mylib)
```

```
14    (define anton      (make-reader "anton"))
      (define berta      (make-reader "berta"))
16
      (define lcbook
18          ((berta 'purchase-book)
                 church "The Calculi of Lambda Conversion" mylib))
20    (define plbook
            ((berta 'borrow-book)
22                 kamin "Programming Languages: An Interpreter Based Approach"
                   mylib))
24    (define chbook
            ((anton 'borrow-book)
26                 chazarain "Programmer avec Scheme" mylib))

28    (print "begin of anton")
      ((anton 'show-books))
30    (print "end of anton")
      (print "begin of berta")
32    ((berta 'show-books))
      (print "end of berta")
34
      (print "begin of church")
36    ((church 'show-books))
      (print "end of church")
38    (print "begin of netlibrary")
      ((mylib 'show-books))
40    (print "end of net-library")
      (print "begin of readers")
42    ((mylib 'show-readers))
      (print "end of readers")
44
      ((mylib 'who-are-you))
46    ((chazarain 'who-are-you))
      ((chazarain 'who-are-you))
48
      ((lcbook 'display))
50    ((plbook 'display))
      ((chbook 'display))
52
      ((berta 'return-book) lcbook mylib)
54    ((berta 'return-book) plbook mylib)
      ((anton 'return-book) chbook mylib)
56    ((anton 'return-book) lcbook mylib)

58    (print "begin of net-library")
      ((mylib 'show-books))
60    (print "end of net-library")
      (print "begin of anton")
62    ((anton 'show-books))
      (print "end of anton")
64    (print "begin of berta")
      ((berta 'show-books))
66    (print "end of berta")
      ))
```

Listing 5.17: Bibliotheksverwaltung: Ausgabeprotokoll des Testlaufs

```
   —>begin of anton
2  —>book:
   —>Programmer avec Scheme
4  —>by:
   —>Chazarain
6  —>owner:
   —>net-library
8  —>holder:
   —>anton
10 —>end-of-book
   —>end of anton
12 —>begin of berta
   —>book:
14 —>Programming Languages: An Interpreter Based Approach
   —>by:
16 —>Kamin
   —>owner:
18 —>net-library
   —>holder:
```

5.4 Drittes Beispiel zur Objektorientierung in A++

```
20   --->berta
     --->end-of-book
22   --->book:
     --->The Calculi of Lambda Conversion
24   --->by:
     --->Church
26   --->owner:
     --->berta
28   --->holder:
     --->berta
30   --->end-of-book
     --->end of berta
32   --->
     --->begin of church
34   --->book:
     --->The Calculi of Lambda Conversion
36   --->by:
     --->Church
38   --->owner:
     --->berta
40   --->holder:
     --->berta
42   --->end-of-book
     --->end of church
44   --->
     --->begin of netlibrary
46   --->book:
     --->Programmer avec Scheme
48   --->by:
     --->Chazarain
50   --->owner:
     --->net-library
52   --->holder:
     --->anton
54   --->end-of-book
     --->book:
56   --->Programming Languages: An Interpreter Based Approach
     --->by:
58   --->Kamin
     --->owner:
60   --->net-library
     --->holder:
62   --->berta
     --->end-of-book
64   --->book:
     --->The Calculi of Lambda Conversion
66   --->by:
     --->Church
68   --->owner:
     --->berta
70   --->holder:
     --->berta
72   --->end-of-book
     --->end of net-library
74   --->
     --->begin of readers
76   --->anton
     --->berta
78   --->end of readers
     --->
80   --->net-library
     --->Chazarain
82   --->
     --->book:
84   --->The Calculi of Lambda Conversion
     --->by:
86   --->Church
     --->owner:
88   --->berta
     --->holder:
90   --->berta
     --->end-of-book
92   --->book:
     --->Programming Languages: An Interpreter Based Approach
94   --->by:
     --->Kamin
96   --->owner:
     --->net-library
```

```
 98    --->holder:
       --->berta
100    --->end-of-book
       --->book:
102    --->Programmer avec Scheme
       --->by:
104    --->Chazarain
       --->owner:
106    --->net-library
       --->holder:
108    --->anton
       --->end-of-book
110    --->
       --->
112    --->begin of net-library
       --->book:
114    --->Programmer avec Scheme
       --->by:
116    --->Chazarain
       --->owner:
118    --->net-library
       --->holder:
120    --->net-library
       --->end-of-book
122    --->book:
       --->Programming Languages: An Interpreter Based Approach
124    --->by:
       --->Kamin
126    --->owner:
       --->net-library
128    --->holder:
       --->net-library
130    --->end-of-book
       --->book:
132    --->The Calculi of Lambda Conversion
       --->by:
134    --->Church
       --->owner:
136    --->berta
       --->holder:
138    --->berta
       --->end-of-book
140    --->end of net-library
       --->
142    --->begin of anton
       --->end of anton
144    --->
       --->begin of berta
146    --->book:
       --->The Calculi of Lambda Conversion
148    --->by:
       --->Church
150    --->owner:
       --->berta
152    --->holder:
       --->berta
154    --->end-of-book
       --->end of berta
156    void
```

Kapitel 6

Abstraktion, Referenz und Synthese im Detail

An dieser Stelle, nachdem wir numerische Abstraktionen in A++ kennengelernt haben, können wir uns mit Hilfe einer detaillierten Analyse von drei einfachen Beispielen aus dem numerischen Bereich ein tieferes Verständnis für die wesentlichen Prozesse in A++ verschaffen.

Wir werden im Folgenden in kleinen Schritten zeigen, was beim Addieren und beim Multiplizieren von zwei Zahlen alles logisch ablaufen muss.

Bei der Auswertung der Lambda-Ausdrücke wird genau das Umgekehrte von dem ablaufen müssen, was beim Programmieren getan wurde:

- Beim Programmieren bestehen die wesentlichen Operationen aus dem Bilden von Abstraktionen, der Referenz dieser Abstraktionen und der Synthese von Abstraktionen.
- Bei der Auswertung sind die wesentlichen Schritte: Ersetzen von Referenzen der Abstraktionen durch die Abstraktionen selbst und einer anschließenden Synthese der Abstraktionen mit ihren Argumenten.

6.1 Addition der zwei Zahlen 'two' und 'three'

Synthese von 'add' und 'two three' (1)

```
(add two three)                                      [1]
```

Abstraktion von 'add' (1)

```
  (lambda(m n)
2   (lambda(f)
      (compose (m f) (n f))))                        [2]
```

Auflösung der Referenz von 'add' in [1]

```
  ((lambda(m n)
2   (lambda(f)
      (compose (m f) (n f))))
4  two three)                                        [3]
```

Synthese von (lambda(m n) ...) und 'two three' in [3]

```
  (lambda(f)
2   (compose (two f) (three f)))                     [4]
```

Abstraktion von 'compose'

```
  (lambda( f  g)
2   (lambda( x )
      ( f  ( g  x))))                                            [5]
```

Auflösung der Referenz von 'compose' in [4]

```
  (lambda( f )
2   ((lambda( f  g)
      (lambda( x )
4       ( f  ( g  x))))
    (two  f)
6   (three  f)))                                                 [6]
```

In den folgenden Schritten 7 – 15 wird der Einfachheit halber die äußere Abstraktion '(lambda(f)' weggelassen und später in Schritt 16 wieder hinzugefügt.

Synthese von (lambda(f g) ...) und '(two f) (three f)' in [6]

```
  (lambda( x )
2   ((two  f) ((three  f)  x)))                                  [7]
```

Abstraktion von three:

```
  (lambda( f )
2   (lambda( x )
      ( f  ( f  ( f  x)))))                                      [8]
```

Auflösung der Referenz von 'three' in [7]

```
  (lambda( x )
2   ((two  f)
    (((lambda( f )
4     (lambda( x )
        (f(f( f  x))))) f) x)))                                  [9]
```

Synthese von (lambda(f) ...) und 'f' in [9]

```
  (lambda( x )
2   ((two  f) ((lambda( x )
                 ( f  ( f  ( f  x))))  x)))                      [10]
```

Synthese von (lambda(x) ...) und 'x' in [10]

```
  (lambda( x )
2   ((two  f)
    ( f  ( f  ( f  x)))))                                        [11]
```

Abstraktion von two:

```
  (lambda( f )
2   (lambda( x )
      ( f  ( f  x))))                                            [12]
```

Auflösung der Referenz von 'two' in [11]

```
  (lambda( x )
2   (((lambda( f )
      (lambda( x )
4       ( f  ( f  x)))) f)
    ( f  ( f  ( f  x)))))                                        [13]
```

Synthese von (lambda(f) ...) und 'f' in [13]

```
  (lambda( x )
2   ((lambda( x )
      ( f  ( f  x)))
4   ( f  ( f  ( f  x)))))                                        [14]
```

Synthese vom inneren (lambda(x) ...) und '(f (f (f x)))' in [14]

```
  (lambda(x)
2   (f (f (f (f (f x))))))                                              [15]
```
Zum Schluss müssen wir das ab Schritt 7 weggelassene 'lambda(f)' wieder hinzufügen. So erhalten wir als Resultat die Abstraktion, die weiter oben als die Zahl *'five'* definiert wurde.

```
  (lambda(f)
2   (lambda(x)
      (f (f (f (f (f x)))))))                                           [16]
```

6.2 Multiplikation der zwei Zahlen 'two' und 'three'

Synthese von mult und 'two three'

```
  (mult two three)                                                      [17]
```

Abstraktion von mult:

```
  (lambda(m n)
2   (compose m n))                                                      [18]
```

Auflösung der Referenz von 'mult' in [17]

```
  ((lambda(m n)
2    (compose m n))
   two three)                                                           [19]
```

Synthese von (lambda(m n) ...) und 'two three' in [19]

```
  (compose two three)                                                   [20]
```

Abstraktion von compose:

```
  (lambda(f g)
2   (lambda(x)
      (f (g x))))                                                       [21]
```

Auflösung der Referenz von 'compose' in [20]

```
  ((lambda(f g)
2    (lambda(x)
       (f (g x))))
4  two three)                                                           [22]
```

Synthese von (lambda(f g) ...) und 'two three' in [22]

```
  (lambda(x)
2   (two (three x)))                                                    [23]
```

Abstraktion von two:

```
  (lambda(f)
2   (lambda(x)
      (f (f x)))))                                                      [24]
```

Abstraktion von three:

```
  (lambda(f)
2   (lambda(x)
      (f (f (f x)))))                                                   [25]
```

Auflösung der Referenz von 'two' und 'three' in [23]

```
  (lambda(x)
2   ((lambda(f)
      (lambda(x)
4       (f(f x))))
    ((lambda(f)
6     (lambda(x)
        (f(f(f x)))))
8    x)))                                                               [26]
```

Synthese vom inneren (lambda(f) ...) und 'x' in [26]

In diesem Fall gibt es einen Konflikt zwischen einer freien und einer gebundenen Variablen, der durch Alpha-Konversion aufgelöst werden muss. Das durch '(lambda(x)' gebundene 'x' würde in Konflikt geraten mit dem 'x', das von Außen kommt. Nach der Regel für die Alpha-Konversion im Lambda-Kalkül wird die gebundene Variable umbenannt, um den Konflikt zu lösen. Wir haben hier als neuen Variablennamen 'x0' gewäählt.

```
  (lambda(x)
2   ((lambda(f)
     (lambda(x)
4     (f(f x))))
    ((lambda(f)
6    (lambda(x0)
     (f(f(f x0)))))
8    x)))                                             [27]
```

Erst jetzt nach der Alpha-Konversion kann die eigentliche Synthese vorgenommen werden.

```
  (lambda(x)
2   ((lambda(f)
     (lambda(x)
4     (f(f x))))
    (lambda(x0)
6     (x(x(x x0))))))                                 [28]
```

Synthese von (lambda(f) ...) und '(lambda(x0) ...)' in [28]

Auch hier gibt es einen Konflikt zwischen einer freien und einer gebundenen Variablen, der durch Alpha-Konvertierung aufgelöst werden muss. Das durch '(lambda(x)' gebundene 'x' würde in Konflikt geraten mit dem 'x' in dem Ausdruck '(x(x(x x0)))'. Nach der Regel für die Alpha-Konversion im Lambda-Kalkül wird die gebundene Variable umbenannt, um den Konflikt zu lösen. Wir haben als neuen Variablennamen 'x1' gewählt.

```
  (lambda(x)
2   ((lambda(f)
     (lambda(x1)
4     (f(f x1)))))
    (lambda(x0)
6     (x(x(x x0)))))                                  [29]
```

Jetzt darf die Synthese vorgenommen werden:

```
  (lambda(x)
2   (lambda(x1)
     ((lambda(x0)
4      (x(x(x x0))))
     ((lambda(x0)
6      (x(x(x x0))))
      x1))))                                          [30]
```

Synthese vom inneren (lambda(x0) ...) und 'x1'

```
  (lambda(x)
2   (lambda(x1)
     ((lambda(x0)
4      (x(x(x x0))))
      (x(x(x x1))))))                                 [31]
```

Synthese von (lambda(x0) ...) und '(x(x(x x1)))'

```
  (lambda(x)
2   (lambda(x1)
     (x(x(x(x(x x1)))))))                             [32]
```

6.2 Multiplikation der zwei Zahlen 'two' und 'three'

Umbenennung der Variablen: x -> f und x1 -> x

Eine konsequente Umbenennung von Variablennamen ist nach der Regel der Alpha-Konvertierung immer erlaubt, wenn dadurch nicht Konflikte auftreten, wie sie oben beschrieben wurden.

```
2    (lambda( f )
        (lambda( x )
           ( f( f( f( f( f( f x ))))))))                    [33]
```

Kapitel 7

Infrastruktur für A++

7.1 Support-Funktionen

Die folgenden A++ - Abstraktionen für die Ausgabe von Daten auf dem Bildschirm benutzen die in der erweiterten A++ - Version eingeführten vorgegebenen Primitiv-Abstraktionen: *vmzero, vmtrue, vmfalse, double-quoted-string, single-quoted-string, incr, print, load, equalx* und *quit*.

Abstraktion für die Ausgabe einer Zahl

Listing 7.1: Abstraktion 'ndisp!'

```
(define ndisp! (lambda (n)
                 (print ((n incr) vmzero))))
```

Abstraktion für die Ausgabe eines boole'schen Wertes

Listing 7.2: Abstraktion 'bdisp!'

```
(define bdisp! (lambda (b)
                 (print (b vmtrue vmfalse))))
```

Abstraktion für die Ausgabe von Listen

Listing 7.3: Abstraktion 'ldisp!'

```
(define ldisp! (lambda (l)
                 (lif (nullp l)
                      nil
                      ((lambda ()
                        (ndisp! (lcar l))
                        (ldisp! (lcdr l)))))))
```

7.2 A++ Interpreter

In dem schon erwähnten Buch **Programmierung pur** wird A++ ausführlich behandelt. Es wird dort außerdem als Anwendung der *ARS-basierten Programmierung* ein **A++ - Interpreter** vorgestellt, der zum Austesten des A++ - Programmcodes verwendet werden kann.

Dieser Interpreter wird als ARS-basierte Anwendung in fünf verschiedenen Programmiersprachen implementiert: Scheme, Java, Python, C und C++. Die C-Version wurde in diesem Buch zum Austesten aller Beispiele und Anwendungen verwendet. Der Interpreter kann im

Internet von 'www.lambda-bound.de/download/arsc' als Quelltext oder als vorkompiliertes Produkt für die Plattformen Linux und MS-Windows heruntergeladen werden.

Die Basis-Abstraktionen, die in dem Kapitel 'Erste Entfaltung von A++' vorgestellt wurden, sowie die Utility-Abstraktionen brauchen zum Arbeiten mit dem Interpreter nicht manuell eingegeben zu werden. Der Interpreter sucht im laufenden Verzeichnis eine **Initialisierungsdatei** mit dem Namen: **'init.ars'** und lädt sie automatisch zu Beginn. Die Standardversion dieser Datei befindet sich in dem Verzeichnis 'arsc', das beim Entpacken der Datei 'arsc.tar.gz' angelegt wird. Der Inhalt von 'init.ars' ist in 7.3 auf Seite 68 abgedruckt.

Folgende Hinweise mögen bei der **Installation des Interpreters** hilfreich sein:

Linux

1. Herunterladen von **'arsc.tar.gz'** aus dem Verzeichnis:
   www.lambda-bound.de/download/arsc.

2. Entpacken von 'arsc.tar.gz' durch Eingabe von: 'tar -xvzf arsc.tar.gz'.

3. Wechseln in das durch das Entpacken erzeugte Verzeichnis 'arsc'. In diesem Verzeichnis befindet sich eine vorkompilierte Version des Interpreters mit dem Namen **'arscint'**. Wenn dieser Interpreter auf der Zielplattform ordnungsgemäß ausgeführt werden kann, ist die Installation mit dem Sichern des Interpreters in ein geeignetes Verzeichnis abgeschlossen. Andernfalls ist der Interpreter den folgenden Schritten entsprechend neu zu kompilieren.

4. Herunterladen von **'gc6.0.tar.gz'** aus dem Verzeichnis:
   www.lambda-bound.de/download/gc.

5. Entpacken von 'gc6.0.tar.gz' durch Eingabe von: 'tar -xvzf gc6.0.tar.gz'.

6. Wechseln in das Verzeichnis 'gc6.0'.

7. Konfiguration der Software durch Eingabe von:
   './configure --enable-shared=no --with-gnu-ld --enable-threads=no'.

8. Kompilation der Software durch Eingabe von: './make'.

9. Installation des Garbage-Collectors durch Eingabe von: './make install'. (Für die Ausführung dieser Funktion sind die Administratorrechte erforderlich.)

10. Wechseln in das Verzeichnis, in dem sich der vorkompilierte Interpreter befindet.

11. Kompilation des Interpreters durch Eingabe von: 'make'.

12. Testen der Funktion des installierten Interpreters durch Eingabe von:

    Listing 7.4: Testen des Interpreters
    ```
     ./arscint
    2 ARS-EVAL-> (load "test.ars")
    .........
    4 ARS-EVAL-> (quit)
    ```

13. Sichern des in dem aktuellen Verzeichnis erzeugten Interpreters (**'arscint'**).

MS-Windows

Installation von Cygwin

Der in C implementierte ARS-Interpreter läuft unter MS-Windows in der Cygwin-Umgebung. Die Cygwin-Umgebung ist eine Software, die von der Firma 'Red Hat' angeboten wird, um Unix/Linux-Programme unter MS-Windows laufen lassen zu können.

Cygwin ist *im Internet frei erhältlich*. Am besten läuft die Installation von Cygwin, wenn man sich nur das **'setup.exe'**-Programm herunterlädt und es in MS-Windows aktiviert. Das 'setup'-Programm führt durch die weiteren Schritte der Installation. Natürlich kann man sich auch ausführlichere Dokumentation und die Software-Pakete in eigener Regie herunterladen. Die Web-Adresse ist folgende:

http://sources.redhat.com/cygwin

oder gleich direkt:

http://sources.redhat.com/cygwin/setup.exe

Installation des ARS-Interpreters

1. Herunterladen von **'arsc.tar.gz'** aus dem Verzeichnis:
   www.lambda-bound.de/download/arsc.
2. Entpacken von 'arsc.tar.gz' durch Eingabe von: `tar -xvzf arsc.tar.gz`.
3. Wechseln in das durch das Entpacken erzeugte Verzeichnis 'arsc'. In diesem Verzeichnis befindet sich eine vorkompilierte Version des Interpreters mit dem Namen *'arscint.exe'*. Wenn dieser Interpreter auf der Zielplattform ordnungsgemäß ausgeführt werden kann, ist die Installation mit dem Sichern des Interpreters in ein geeignetes Verzeichnis abgeschlossen. Andernfalls ist der Interpreter den folgenden Schritten entsprechend neu zu kompilieren.
4. Herunterladen von **'gc6.0.tar.gz'** aus dem Verzeichnis:
   www.lambda-bound.de/download/gc.
5. Entpacken von 'gc6.0.tar.gz' durch Eingabe von:
6. Wechseln in das Verzeichnis 'gc6.0'.
7. Konfiguration der Software durch Eingabe von: `./configure`.
8. Kompilation der Software durch Eingabe von: `./make`.
9. Installation des Garbage-Collectors durch Eingabe von: `./make install`.
10. Wechseln in das Verzeichnis, in dem sich der vorkompilierte Interpreter befindet.
11. Kompilation des Interpreters durch Eingabe von: `make`.
12. Testen der Funktion des installierten Interpreters durch Eingabe von:

Listing 7.5: Testen des Interpreters

```
   ./arscint
 2 ARS-EVAL-> (load "test.ars")
   ..........
 4 ARS-EVAL-> (quit)
```

13. Sichern des in dem aktuellen Verzeichnis erzeugten Interpreters (**'arscint.exe'**).

Programmbeendigung

Die zum Herunterladen angebotene Version eines ARS-Interpreters hat eine zusätzliche Primitivfunktion. Es ist dies die Funktion **quit**, die zum Beenden des Interpreters benötigt wird. Der Aufruf erfolgt in üblicher A++ - Syntax mit: `(quit)`.

7.3 Initialisierungsdatei für den ARS-Interperter

Listing 7.6: Initialisierungsdatei für den ARS-Interpreter: 'init.ars'

```
;;;; Basic A++ abstractions.
;
(define true     (lambda (x y)
                   x))
(define false    (lambda (x y)
                   y))
(define lif      (lambda (b t f)
                   (b t f)))
(define lnot     (lambda (b)
                   (b false true )))
(define land     (lambda (x y)
                   (lif x y x)))
(define lor      (lambda (x y)
                   (lif x x y)))
(define equaln   (lambda (m n)
                   (land (zerop (sub m n))
                         (zerop (sub n m)))))
(define gtp      (lambda (m n)
                   (lnot (zerop (sub m n)))))
(define ltp      (lambda (m n)
                   (lnot (zerop (sub n m)))))
(define gep      (lambda (m n)
                   (zerop (sub n m))))
(define lcons    (lambda (x y)
                   (lambda (f)
                     (f x y))))
(define lcar     (lambda (l)
                   (l true)))
(define lcdr     (lambda (l)
                   (l false)))
(define llength  (lambda (l)
                   (lif (nullp l)
                        zero
                        (add one (llength (lcdr l))))))
(define zero     (lambda (f)
                   (lambda (x)
                     x)))
(define one      (lambda (f)
                   (lambda (x)
                     (f x))))
(define two      (lambda (f)
                   (lambda (x)
                     (f (f x)))))
(define three    (lambda (f)
                   (lambda (x)
                     (f (f (f x))))))
(define compose  (lambda (f g)
                   (lambda (x)
                     (f (g x)))))
(define add      (lambda (m n)
                   (lambda (f)
                     (compose (m f) (n f)))))
(define succ     (lambda (n)
                   (lambda (f)
                     (compose  f (n f)))))
(define mult     (lambda (m n)
                   (compose m n)))
(define zeropair (lcons zero zero))
(define pred     (lambda (n)
                   (lcdr ((n (lambda (x)
                               (lcons (add (lcar x) one)
                                      (lcar x))))
                          zeropair))))
```

7.3 Initialisierungsdatei für den ARS-Interperter

```
64  (define sub    (lambda (m n)
                     ((n pred) m)))
66  (define zerop  (lambda (n)
                     ((n (lambda(x) false)) true)))
68
70  (define nil (lambda (l)
                  true))
72
    (define nullp (lambda (l)
74                  (l (lambda (a d)
                        false))))
76
    (define curry
78    (lambda(f)
        (lambda(x)
80        (lambda(y)
            (f x y)))))
82
    (define map
84    (lambda(f l)
        (lif (nullp l)
86          nil
            (lcons (f (lcar l)) (map f (lcdr l))))))
88
    (define filter
90    (lambda(p l)
        (lif (nullp l)
92          nil
            (lif (p (lcar l))
94                (lcons (lcar l) (filter p (lcdr l)))
                  (filter p (lcdr l))))))
96
    (define locate
98    (lambda(pred l)
        (lif (nullp l)
100         false
            (lif (pred (lcar l))
102               true
                  (locate pred (lcdr l))))))
104
    (define locatex
106   (lambda(pred l)
        (lif (nullp l)
108         false
            (lif (pred (lcar l))
110               (lcar l)
                  (locatex pred (lcdr l))))))
112
    (define remove
114   (lambda(obj l)
        (lif (nullp l)
116         nil
            (lif (equalx obj (lcar l))
118               (remove obj (lcdr l))
                  (lcons (lcar l) (remove obj (lcdr l)))))))
120
    (define mapc (curry map))
122 (define succ* (mapc succ))

124 (define addelt
      (lambda(x s)
126     (lif (memberp x s)
              s
128           (lcons x s))))

130 (define union
      (lambda(s1 s2)
132     (lif (nullp s1)
              s2
134           (lif (memberp (lcar s1) s2)
                    (union (lcdr s1) s2)
136                 (lcons (lcar s1) (union (lcdr s1) s2))))))

138 (define memberp
      (lambda(x s)
140     (lif (nullp s)
              false
```

```
          (lif (equaln x (lcar s))
                true
                (memberp x (lcdr s))))))
(define insert
   (lambda(x l)
     (lif (nullp l)
          (lcons x nil)
          (lif (ltp x (lcar l))
               (lcons x l)
               (lcons (lcar l) (insert x (lcdr l)))))))
(define insertion-sort
   (lambda(l)
     (lif (nullp l)
          nil
          (insert (lcar l) (insertion-sort (lcdr l))))))
(define sum
   (lambda(l)
     (lif (nullp l)
          zero
          (add (lcar l) (sum (lcdr l))))))
(define ndisp! (lambda (n)
                  (print ((n incr) vmzero))))

(define bdisp! (lambda (b)
                  (print (b vmtrue vmfalse))))

(define ldisp! (lambda (l)
                  (lif (nullp l)
                       nil
                       ((lambda()
                          (ndisp! (lcar l))
                          (ldisp! (lcdr l)))))))
;;;;;;;;; extensions and applications
;;;;;;;;
;;;;
(define four (succ three))
(define five (succ four))
(define six (mult two three))
(define seven (add three four))
(define eight (add four four))
(define nine (add four five))
(define ten (add five five))

(define while
   (lambda(c body)
      (define loop
         (lambda()
            (lif c
                 ((lambda()
                     (body)
                     (loop)))
                 false)))
      (loop)))

(define Fakultaet
   (lambda(n)
      (lif (equaln n one)
           one
           (mult n (Fakultaet (sub n one))))))

(define nth
   (lambda(n l)
      (lif (equaln n one)
           (lcar l)
           (nth (sub n one) (lcdr l)))))

(define for-each
   (lambda(procedure lis)
      (lif (nullp lis)
           true
           ((lambda()
               (procedure (lcar lis))
               (for-each procedure (lcdr lis)))))))
```

7.4 WWW-Adressen

- **Verlag:** S.Toeche-Mittler Verlag http://www.net-library.de/stmv.html
- **Versandbuchhandlung:** http://www.net-library.de
- **Programmiersprachen**
  - *Theorie*
    * Jacques Chazarain: http://www-mips.unice.fr/~jmch
    * Samuel N. Kamin: http://www-sal.cs.uiuc.edu/~kamin/
    * Harold Abelson and Gerald Jay Sussman:
      http://mitpress.mit.edu/sicp/full-text/book/book-Z-H-3.html
    * Harold Abelson: http://www.swiss.ai.mit.edu/~hal/hal.html
    * Gerald Jay Sussman: http://www.swiss.ai.mit.edu/~gjs/gjs.html
    * George Springer: http://www.cs.indiana.edu/hyplan/springer.html
    * Daniel P. Friedman: http://www.cs.indiana.edu/hyplan/dfried.html
  - *Sprachimplementierungen*
    * Lambda-Kalkül Interpreter
      · Olivier Besson:
        ftp://ftp.cs.indiana.edu/pub/scheme-repository/code/lang/lambda.scm
      · Colin J. Taylor: http://drcjt.freeyellow.com/Lambda.html
      · Kim Mason:
        http://www.kmason.addr.com/teacher/LambdaTeacher.html
    * ARS-Interpreter
      · in Scheme: http://www.lambda-bound.de/book/book.html
      · in Python: http://www.lambda-bound.de/book/book.html
      · in Java: http://www.lambda-bound.de/book/book.html
      · in C: http://www.lambda-bound.de/book/book.html
      · in C++: http://www.lambda-bound.de/book/book.html
  - *Allgemeine Unterstützung*
    * Cygwin: http://sources.redhat.com/cygwin
- **Typensatzerstellung**
  - *Graphik*
    * The LaTeX Graphics Companion: http://www.awl.com/cseng
    * tgif: http://bourbon.usc.edu:8001/tgif/
  - *World Wide Web*
    * The LaTeX Web Companion: http://www.awl.com/cseng
  - *Programmlisten*
    * Carsten Heinz:
      http://www.ctan.org/tex-archive/macros/latex/contrib/supported/listings
- **Persönliche Links**
  - Metaphysik und Mystik: http://www.innerexplorations.com
  - Kerzen- und Ikonen-Atelier:
    http://www.abtei-st-hildegard.de/Betriebe/Kerzen/Kerzen.html
  - Kunstatelier Gerd Durst: http://homepages.compuserve.de/GerdDurst

Kapitel 8

Erweiterung von A++

8.1 ARS++

Als weitere Entfaltung des ARS-basierten Programmierens wurde aus A++ durch Hinzufügung einer großen Menge von vorgegebenen Primitiv-Abstraktionen eine *leistungsfähige Programmiersprache für die Praxis* geschaffen, der wir den Namen **ARS++** gegeben haben.

Die Implementierung von ARS++ enthält u.a. eine virtuelle Maschine (AVIM) und einen Compiler (ACOMP). Die Funktionalität von ARS++ übertrifft die der Programmiersprache *Scheme*.
Das Buch **Programmierung pur** stellt ARS++ vor, beschreibt die Implementierung im Detail und stellt den Quelltext der Implementierung auf der beiligenden CD-ROM zur Verfügung.

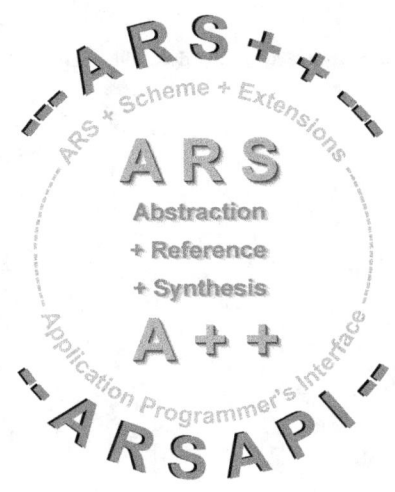

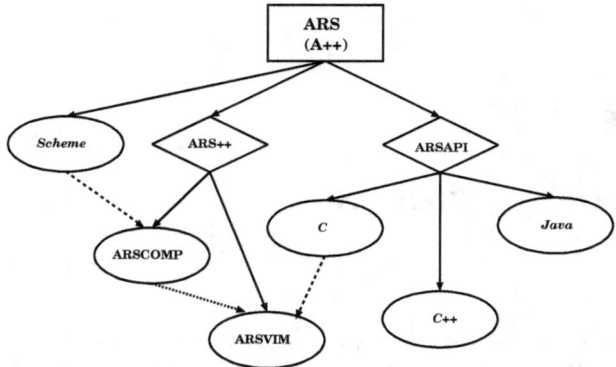

Abbildung 8.1: A++ — ARS++ — ARSAPI

8.2 ARSAPI

ARSAPI ist eine Schnittstelle zwischen herkömmlichen Programmiersprachen und A++. Mittels ARSAPI wird Programmierern ein Weg gezeigt in den populäten Programmiersprachen wie Java, C, und C++ die A++ - Denkmuster anzuwenden.

ARS++ ist ein Beispiel für den Einsatz von ARSAPI für C, da ARS++ in der Programmiersprache C implementiert ist.

ARSAPI wird ebenfalls in **Programmierung pur** detailliert behandelt.

Anhänge

Anhang A

Das Lambda-Kalkül

Im Lambda-Kalkül geht es um die Gesetzmäßigkeiten, die der Bildung und Konvertierung von Lambda-Ausdrücken zugrunde liegen.
Als mathematisch-logisches System wird das Lambda-Kalkül ausführlich in [Bar81] behandelt. Aus der Sicht der Programmierung wird es in folgenden Werken vorgestellt: [Jon87], [Kam90], [Cha96].

Die konkrete Syntax eines Lambda-Ausdrucks ist wie folgt definiert:

A.1 Syntax eines Lambda-Ausdrucks

FUNDAMENTALBEGRIFF 14 (SYNTAX EINES LAMBDA-AUSDRUCKS)
t ist ein Lambda-Ausdruck, wenn

- $t = x$ wobei $x \in Var$,
  oder

- $t = \lambda x.M$ wobei $x \in Var$ und M ein Lambda-Ausdruck ist,
  oder

- $t = (MN)$ wobei M und N Lambda-Ausdrücke sind.

A.2 Begriffe und Regeln des *Lambda-Kalküls*

Assoziativitätsregeln

FUNDAMENTALBEGRIFF 15 (ASSOZIATIVITÄTSREGEL FÜR DIE ABSTRAKTION)
Die Abstraktion ist assoziativ nach rechts.

Beispiel:
Der Ausdruck
$$\lambda x.\lambda y.\lambda z.M$$
kann vereinfacht so geschrieben werden:
$$\lambda xyz.M$$

FUNDAMENTALBEGRIFF 16 (ASSOZIATIVITÄTSREGEL FÜR DIE APPLIKATION)
Die Applikation (Synthese) ist assoziativ nach links.

Beispiel:
Der Ausdruck:
$$((MN)P)$$
kann auch so geschrieben werden:
$$MNP.$$

Beispiel für beide Regeln:
$$\lambda x.\lambda y.((xy)z)$$
ist gleichbedeutend mit
$$\lambda xy.xyz.$$

Gebundene und freie Variable

> **FUNDAMENTALBEGRIFF 17 (GEBUNDENE UND FREIE VARIABLE)**
> In dem Lambda-Ausdruck:
> $$\lambda x.xy$$
> ist das "y" eine freie Variable im Gegensatz zum "x". Freie Variable erhalten ihren Wert aus übergeordneten Lambda-Ausdrücken.

Alpha-Konvertierung

Eine Alpha-Konvertierung eines Lambda-Ausdrucks ist wie folgt definiert:

> **FUNDAMENTALBEGRIFF 18 (ALPHA-KONVERTIERUNG)**
> $$\lambda x.M \rightarrow_\alpha \lambda x_0.M[x \leftarrow x_0]$$
> wobei x_0 keine freie Variable in M sein darf.
>
> Durch eine Alpha-Konvertierung eines Ausdrucks darf sich der Wert des Ausdrucks nicht ändern. Man sagt die beiden Ausdrücke sind gleich *modulo alpha*: $M =_\alpha N$.

Eine Alpha-Konvertierung kann notwendig sein, wenn Teile eines Lambda-Ausdrucks substituiert werden müssen.

Beta-Reduktion

Die Hauptoperation beim Konvertieren von Lambda-Ausdrücken wird *Beta-Reduktion* genannt. Sie kommt bei der Applikation einer Abstraktion auf einen Lambda-Ausdruck zum Tragen.

"redex"

> **FUNDAMENTALBEGRIFF 19 (REDEX)**
> Ein *redex* ist ein reduzierbarer Ausdruck ("reducible expression") und wird wie folgt dargestellt:
> $$((\lambda x.M)N)$$

Definition der "Beta-Reduktion"

> **FUNDAMENTALBEGRIFF 20 (BETA-REDUKTION)**
> Folgende Transformation wird als β-Reduktion bezeichnet:
> $$((\lambda x.M)N) \to_\beta M[x \leftarrow N]$$

Beispiele:

- $((\lambda x.x\ x)(\lambda y.y)) \to_\beta ((\lambda y.y)(\lambda y.y)) \to_\beta (\lambda y.y)$
- $((\lambda x.(\lambda y.x\ y))y) \to_\beta (\lambda y_0.y\ y_0)$
  Anmerkung: Das zweite Beispiel demonstriert die Notwendigkeit einer Alpha-Konvertierung. Das an λ gebundene y musste in y_0 umbenannt werden, damit das freie y nicht durch die Substitution vom λ eingefangen würde.

Eta-Reduktion

> **FUNDAMENTALBEGRIFF 21 (ETA-REDUKTION)**
> Als η-Reduktion wird folgende Transformation eines Lambda-Ausdrucks bezeichnet:
> $$(\lambda x.Mx) \to_\eta M\ ,$$
> wobei x keine freie Variable in M sein darf.

Y-Kombinator

Der "Y-Kombinator", auch *fixpoint combinator* genannt, wurde von H. Curry entdeckt. Mit seiner Hilfe können rekursive Funktionen im Lambda-Kalkül dargestellt werden ohne implizite Rekursion zu verwenden.[1]

> **FUNDAMENTALBEGRIFF 22 (Y-KOMBINATOR)**
> Der Y-Kombinator ist wie folgt definiert:
> $$Y = \lambda f.((\lambda x.(f(x\ x)))(\lambda x.(f(x\ x))))$$
> Bezüglich des Y-Kombinators gilt:
> $$(Y\ M) =_\beta (M(Y\ M))$$
> Substitutionsschritte im Einzelnen:
> $$(Y\ M) \to_\beta ((\lambda x.(M(x\ x)))(\lambda x.(M(x\ x))))$$
> $$\to_\beta (M((\lambda x.(M(x\ x)))(\lambda x.(M(x\ x)))))$$
> $$\to_\beta (M(Y\ M)).$$

Erläuterung der Zusammenhänge anhand eines Beispiels:

- Rekursive Funktion:
  $FAC = \lambda n.(IF(= n\ 0)1(*n(FAC(-n\ 1))))$

---

[1] Bei einer impliziten Rekursion wird der Name einer Funktion (bzw Lambda-Abstraktion) in derselben Funktion verwendet.

- Fokussierung auf die wesentlichen Teile:
  $FAC = \lambda n.(...FAC...)$
- Bildung der Abstraktion von FAC unter Benutzung der β-Reduktions-Regel:
  $FAC = (\lambda fac.(\lambda n.(...fac...)))FAC$
- Vereinfachte Schreibweise:
  $FAC = M\ FAC$
  wobei:
  $M = (\lambda fac.(\lambda n.(...fac...)))$
- FAC wird als *fix point* von M bezeichnet.
  Nach H. Curry, wie oben bereits gesagt, gibt es eine Funktion, die aus M einen *fix point* bildet:
  $(Fix\ M) =_\beta (M(Fix\ M))$
- Diese Funktion Fix ist der sogenannte "Y-Kombinator":
  $(Y\ M) =_\beta (M(Y\ M))$
- Resultat: Als Ersatz für die ursprüngliche Funktion FAC können wir schreiben:
  $FAC = (Y(\lambda fac.(\lambda n.(...fac...))))$
  Zur Berechnung der Fakultät von n können wir folgenden Lambda-Ausdruck auswerten lassen:
  $Y\ (\lambda fac.(\lambda n.(...fac...)))\ n$

A.3 Beispiele für Beta-Reduktion

In seinem Buch *Programmer avec Scheme* stellt *Jacques Chazarain* ein kleines Programm vor, mit dessen Hilfe man schrittweise die Beta-Reduktion von Lambda-Ausdrücken verfolgen kann. Siehe [Cha96] Seite 594ff! Dieses Programm wurde im Folgenden verwendet. Das Programm ist in Scheme geschrieben und erwartet ebenso Lambda-Ausdrücke in Scheme-Syntax.

Lambda-Kalkül-Programmierung in Scheme-Codierung

In dem folgenden Anwendungsbeispiel der Lambda-Kalkül-Programmierung in Scheme werden zunächst Lambda-Kalkül-Ausdrücke mit Hilfe der Quote-Operation definiert. Die Auswertung dieser Ausdrücke nach der Substitutionsmethode („term rewriting") wurde mit Hilfe der Scheme-Funktion: *(reduction-normale ex-add #t)* getestet. Diese Funktion lässt uns Schritt für Schritt die Substitution verfolgen bis zum Endresultat. Es gibt für diese Substitution zwei Verfahren, die hier nicht ausführlich beschrieben werden können:

- normale Substitutionsmethode
  Diese Methode wird meist nur in funktionalen Programmiersprachen verwendet und hat auch den Namen *„Lazy Evaluation"*. Bei diesem Verfahren werden Argumente erst dann ausgewertet, d.h. substituiert, wenn sie benötigt werden.

  Nach dieser Methode geht auch der ARS-Interpreter vor, den wir in A++ in allen Beispielen verwendet haben.

A.3 Beispiele für Beta-Reduktion

- **applikative Substitutionsmethode**
  Dies ist die in den meisten Sprachen übliche Substitutionsmethode, die auch den Namen „*Eager Evaluation*" trägt. Hier werden alle Argumente sofort ausgewertet, ganz gleich ob sie in der Funktion defacto gebraucht werden oder nicht.

Auf den **folgenden Seiten** wird gezeigt, wie mit Hilfe des von Chazarain in seinem Buch 'Programmer avec Scheme' vorgestellten Reduktionsprogrammes die folgenden Lambda-Ausdrücke in Scheme-Notation schrittweise durch Substitution in das Endresultat übergeführt werden.

Auszuwertende Lambda-Ausdrücke in Scheme-Codierung

```
2 (define ex-add  '((,ADD ,TWO) ,THREE))

4 (define ex-mult '((,MULT ,TWO) ,THREE))

6 (define ex-comp '((,COMPOSE ,TWO) ,THREE))

8 (define ex-applic '(,TWO ,THREE))

  (define ex-succ '(,SUCC ,TWO))
```

Die in Scheme-Notation aufgeführten Lambda-Ausdrücke entsprechen in etwa folgenden früher vorgestellten A++ - Abstraktionen: *add, two, three, mult, compose, succ*. Neben der unterschiedlichen Syntax fällt allerdings noch ein anderer wesentlicher Unterschied auf: Entsprechend der Definition einer 'Applikation' im Lambda-Kalkül haben in diesen Beispielen alle Funktionsaufrufe nur ein Argument. So liefert z.B. der Aufruf von 'ADD' eine Funktion, der dann erst das zweite Argument der Addition, nämlich 'THREE', übergeben werden kann. Im Unterschied dazu ist *'add'* in A++ eine Funktion, die direkt beide Argumente für die Addition in Empfang nehmen kann.

Es folgen die Abstraktionen in einer Scheme-spezifischen Notation, auf die wir hier nicht im Einzelnen eingehen können. Die etwas eigentümlich aussehende Notation hängt mit der Scheme-Makro-Technik zusammen, die in dem Reduktionsprogramm von Chazarain verwendet wird, um die von der Beta-Reduktion geforderte Substitution auf Text-Basis durchführen zu können.

Die Ähnlichkeit der Abstraktionen mit den von uns in A++ gemachten dürfte aber auch ohne weitere Kommentare ersichtlich sein. Auch die inhaltlichen Unterschiede, auf die wir soeben hingewiesen haben lassen sich unschwer erkennen.

Basis-Abstraktionen in Scheme-Codierung

Listing A.1: Lambda-Kalkül-Programmierung in Scheme-Codierung

```
2 (define TRUE '(lambda (x)
                  (lambda (y)
4                    x)))

6 (define FALSE '(lambda (x)
                   (lambda (y)
8                    y)))

10 (define LCONS '(lambda (x)
                    (lambda (y)
12                    (lambda (f)
                        ((f x) y)))))
```

```
(define LCAR '(lambda ( l )
               ( l ,TRUE)))

(define LCDR '(lambda ( l )
               ( l ,FALSE)))

(define ZERO '(lambda ( f )
               (lambda ( x )
                x )))

(define ONE '(lambda ( f )
              (lambda ( x )
               ( f x))))

(define TWO '(lambda ( f )
              (lambda ( x )
               ( f ( f x)))))

(define THREE '(lambda ( f )
                (lambda ( x )
                 ( f ( f ( f x))))))

(define COMPOSE '(lambda ( f )
                  (lambda(g)
                   (lambda ( x )
                    ( f ( g x))))))

(define ADD '(lambda (m)
              (lambda( n)
               (lambda ( f )
                ((,COMPOSE (m f)) (n f))))))

(define SUCC '(lambda ( n )
               (lambda ( f )
                ((,COMPOSE  f) (n f)))))

(define MULT '(lambda (m)
               (lambda(n)
                ((,COMPOSE m) n))))

(define ZEROPAIR '((,LCONS ,ZERO) ,ZERO))

(define PRED '(lambda (n)
               (,LCDR ((n (lambda ( x )
                          ((,LCONS
                            ((,ADD
                              (,LCAR x))
                             ,ONE))
                           (,LCAR x))))
                       ,ZEROPAIR))))

(define SUB '(lambda (m)
              (lambda(n)
               ((n ,PRED) m))))

(define =ZERO? '(lambda ( n )
                 ((n (lambda(x) ,FALSE)) ,TRUE)))

(define print—int (lambda ( n )
                   ((n 1+) 0)))
```

Anwendung mit Beta-Reduktion

Addition

Listing A.2: Anwendung mit Beta-Reduktion: Addition

```
 2  (define ex-add '((,ADD ,TWO) ,THREE))
 4  ;(reduction--normale ex-add #t)
 6  (((lambda (m) (lambda (n) (((lambda (f) (lambda (x) ((lambda (g) (lambda (x) (f (g x)))) (m f)) ((n f)))))) (lambda (f) (lambda (x) (f (f x))))) (lambda (f) (lambda (x) (f (f (f x))))))
 8  ((lambda (n) ((lambda (f) (lambda (x) ((lambda (g) (lambda (x) (f (g x)))) ((lambda (f) (lambda (x) (f (f x)))) f)) ((n f))))) (lambda (f) (lambda (x) (f (f (f x))))))
10  ((lambda (f) ((lambda (g) (lambda (x) (f (g x)))) ((lambda (f) (lambda (x) (f (f x)))) f) ((lambda (f) (lambda (x) (f (f (f x))))) f)))
12  (lambda (f) (lambda (x) ((lambda (f) (lambda (x) (f (f x)))) f) ((lambda (f) (lambda (x) (f (f (f x))))) f) x)))
14  (lambda (f) (lambda (x) ((lambda (f) (lambda (x) (f (f x)))) f) ((lambda (x) (f (f (f x)))) f) x)))
16  (lambda (f) (lambda (x) ((lambda (f) (lambda (x) (f (f (f x)))) f) x)))
18  (lambda (f) (lambda (x) ((lambda (x) (f (f (f (f x))))) x)))
20  (lambda (f) (lambda (x) (f (f (f (f (f x)))))))
22  (lambda (f) (lambda (x) (f (f (f (f (f x)))))))
24  ;Evaluation took 10 mSec (0 in gc) 6401 cells work, 31 bytes other
```

Multiplikation

Listing A.3: Anwendung mit Beta-Reduktion: Multiplikation

```
 2  (define ex-mult '((,MULT ,TWO) ,THREE))
 4  ;(reduction--normale ex-mult #t)
 6  (((lambda (m) (lambda (n) (((lambda (f) (lambda (x) ((lambda (g) (lambda (x) (f (g x)))) m)) n)))) (lambda (f) (lambda (x) (f (f x)))) (lambda (f) (lambda (x) (f (f (f x))))))
 8  ((lambda (n) (((lambda (f) (lambda (g) (lambda (x) (f (g x)))) (lambda (f) (lambda (x) (f (f x)))) n)) (lambda (f) (lambda (x) (f (f (f x))))))
10  (((lambda (f) (lambda (g) (lambda (x) (f (g x)))) (lambda (f) (lambda (x) (f (f x))))) (lambda (f) (lambda (x) (f (f (f x))))))
12  ((lambda (g) (lambda (x) ((lambda (f) (lambda (x) (f (f x)))) (g x)))) (lambda (f) (lambda (x) (f (f (f x))))))
14  (lambda (x) ((lambda (f) (lambda (x) (f (f x)))) ((lambda (f) (lambda (x) (f (f (f x))))) x)))
16  (lambda (x) (lambda (x0) (((lambda (f) (lambda (x) (f (f x)))) x) ((lambda (f) (lambda (x) (f (f (f x))))) x) x0)))
18  (lambda (x) (lambda (x0) ((lambda (x0) ((lambda (f) (lambda (x) (f (f (f x))))) x) x0))))
20  (lambda (x) (lambda (x0) (x (x (x ((lambda (f) (lambda (x) (f (f (f x))))) x) x0)))))
22  (lambda (x) (lambda (x0) (x (x (x ((lambda (x0) (x (x (x x0))))))))))
24  (lambda (x) (lambda (x0) (x (x (x (x (x (x x0))))))))
26  ;Evaluation took 20 mSec (10 in gc) 5814 cells work, 55 bytes other
```

Composition

Listing A.4: Anwendung mit Beta-Reduktion: Komposition

```
2   (define ex-comp '((,COMPOSE ,TWO) ,THREE))

4   (reduction-normale ex-comp #t)

6   ;
    (((lambda (f) (lambda (x) (f (g x)))) (lambda (f) (lambda (x) (f (f x))))) (lambda (f) (lambda (x) (f (f (f x))))))
8   ((lambda (g) (lambda (x) (lambda (f) (lambda (x) (f (f x)))) (g x)))) (lambda (f) (lambda (x) (f (f (f x))))))
    (lambda (x) ((lambda (f) (lambda (x) (f (f (f x))))) ((lambda (f) (lambda (x) (f (f x)))) x)))
12  (lambda (x) ((lambda (f) (lambda (x0) (f (f (f x0))))) ((lambda (f) (lambda (x) (f (f x)))) x)))
    (lambda (x) (lambda (x0) (x (x (x x0)))) ((lambda (f) (lambda (x) (f (f x)))) x) x0))))
16  (lambda (x) (lambda (x0) ((lambda (f) (lambda (x) (f (f x)))) x) (x (x x0)))))
    (lambda (x) (lambda (x0) ((lambda (x) (x (x x0))) (x (x x0)))))
18  (lambda (x) (lambda (x0) (x (x (x (x x0))))))
20  (lambda (x) (lambda (x0) (x (x (x (x (x x0)))))))
22
    ;Evaluation took 10 mSec (0 in gc) 4449 cells work, 52 bytes other
```

Applikation

Listing A.5: Anwendung mit Beta-Reduktion: Applikation

```
2   (define ex-applic '(,TWO ,THREE))

4   (reduction-normale ex-applic #t)

6   (((lambda (f) (lambda (x) (f (f x)))) (lambda (f) (lambda (x) (f (f (f x)))))))
8   ((lambda (x) ((lambda (f) (lambda (x) (f (f (f x))))) ((lambda (f) (lambda (x) (f (f (f x))))) x)))
10  ((lambda (x) ((lambda (x0) ((lambda (f) (lambda (x) (f (f (f x))))) x) (((lambda (f) (lambda (x) (f (f (f x))))) x) ((lambda (f) (lambda (x) (f (f (f x))))) x) x0))))
12  ((lambda (x) ((lambda (x0) (((lambda (f) (lambda (x) (f (f (f x))))) x) (((lambda (f) (lambda (x) (f (f (f x))))) x) x0)))))
14  ((lambda (x) ((lambda (x0) (((lambda (f) (lambda (x) (f (f (f x))))) x) (((lambda (f) (lambda (x) (f (f (f x))))) x) x0)))))
16  ((lambda (x) ((lambda (x0) (x (x (x ((lambda (f) (lambda (x) (f (f (f x))))) x) x0)))))))
18  ((lambda (x) ((lambda (x0) (x (x (x (x ((lambda (x0) (x (x (x x0)))) x0))))))))
20  ((lambda (x) ((lambda (x0) (x (x (x (x (x (x x0))))))))))
22  ((lambda (x) (lambda (x0) (x (x (x (x (x (x x0)))))))))
24  ;Evaluation took 10 mSec (0 in gc) 4858 cells work, 59 bytes other
```

Inkrementation

Listing A.6: Anwendung mit Beta-Reduktion: Inkrementation

```
2  (define ex-succ '(,SUCC ,TWO))

4  (reduction-normale ex-succ #t)

6  ;
8  ((lambda (n) (lambda (f) (lambda (x) (f (g x)))) f) (n f))) (lambda (f) (lambda (x) (f (f x)))))
10 (lambda (f) (((lambda (f) (lambda (g) (lambda (x) (f (g x)))) f) ((lambda (f) (lambda (x) (f (f x)))) f)))
12 (lambda (f) ((lambda (g) (lambda (x) (f (g x)))) ((lambda (f) (lambda (x) (f (f x)))) f)))
14 (lambda (f) (lambda (x) (f (((lambda (f) (lambda (x) (f (f x)))) f) x))))
16 (lambda (f) (lambda (x) (f (f (f x)))))
   ;Evaluation took 20 mSec (10 in gc) 2720 cells work, 31 bytes other
```

Diese von einem Computerprogramm erzeugten Resultate sind zwar sicherlich beeindruckend, aber menschlich nachvollziehbar sind sie nicht so leicht. Um ein **besseres Verständnis** dieser in der Beta-Reduktion durchgeführten Schritte zu erhalten, sei auf unsere Ausführungen in dem *Abschnitt 6 auf Seite 59* und den Folgenden verwiesen.

Anhang B

Gültigkeitsbereich von Namen

B.1 Interpretation von Namen

In den verschiedenen Programmiersprachen gibt es grob betrachtet drei Systeme, nach denen Namen interpretiert werden, den „lexical" oder „static scope", „dynamic scope" und den „global scope" kombiniert mit „local scope".

Dynamic Scope

Herkunft

„Dynamic scope" ist von *McCarthy* ursprünglich in Lisp eingeführt worden, wird aber inzwischen wegen gewaltiger Nachteile in den modernen Lisp-Dialekten nicht mehr oder nur bedingt verwendet. McCarthy selbst hat eingesehen, dass es ein Design-Fehler war, „dynamic scope" in Lisp zu verwenden. [1] Mit der Entwicklung von Scheme sollte gezeigt werden, dass es Wert war diesen Fehler nachträglich zu korrigieren. Dieser Beitrag in der Evolution vor Lisp verfehlte seine Wirkung nicht. In Common-Lisp wurde daraufhin auch der „dynamic scope" fallen gelassen.

Bedeutung

FUNDAMENTALBEGRIFF 23 (DYNAMIC SCOPE)
In dem 'dynamic scope'-Verfahren kann eine Variable von überallher im Programm direkt mit ihrem Namen angesprochen werden. Die Lebensdauer dieser Variablen ist beschränkt auf die Ausführungszeit des Programmteiles (Prozedur, Funktion), in dem sie definiert wurde. Alle Variablen unterliegen der „Stack"-Disziplin.

Genauer ausgedrückt bedeutet das in der Praxis: „unlimited scope" und „dynamic extent" . Dies heisst wiederum, dass Funktionen die aktuelle Laufzeitumgebung erben und dass sie nicht eine permanente Umgebung besitzen, die ihnen im Programmtext eindeutig zugewiesene wurde.

Static Scope

Das Gegenstück zu „dynamic scope" ist „static scope" der auch „lexical scope" genannt wird.

FUNDAMENTALBEGRIFF 24 (STATIC SCOPE)
'static scope' bedeutet, dass alle Variablen nur in dem Bereich, für den sie definiert wurden, direkt mit Namen angesprochen werden können.
Dieser Gültigkeitsbereich ist jeweils direkt aus dem Programmtext ersichtlich, was zu dem Namen „lexical scope" geführt hat.

---

[1] siehe Seite 180: R.Wexelblat (ed.), *History of Programming Languages*, Academic Press, New York, 1981.

'static scope' kann mit 'dynamic extent' wie in Algol oder mit 'indefinite extent' wie in Scheme und Common Lisp gekoppelt sein.

FUNDAMENTALBEGRIFF 25 (LEXICAL SCOPE)
'lexical scope' ist eine andere Bezeichnung für 'static scope'.

FUNDAMENTALBEGRIFF 26 (INDEFINITE EXTENT)
Alle Variablen haben unbegrenzte Lebensdauer. Sie behalten ihre Gültigkeit über den Rücksprung aus der Funktion hinaus. Sie gehören somit zur permanenten Umgebung der Funktion, die damit den Status einer „closures" erhält.
Die unbegrenzte Lebensdauer wird eingeschränkt dadurch, dass Variable, die von nirgendwoher mehr im Programm erreicht werden können, als Restmüll vom Garbage-Collector beseitigt werden.

FUNDAMENTALBEGRIFF 27 (DYNAMIC EXTENT)
Die Variablen verlieren nach dem Rücksprung aus der Funktion ihre Gültigkeit. Sie unterliegen der „Stack"-Disziplin. Die Funktion hat keinen permanenten Umgebungsbereich und ist deshalb keine „closure".

In Common-Lisp kann für spezielle Variable neben dem normalerweise üblichen „static scope" auch „dynamic scope" verwendet werden.

Global Scope

FUNDAMENTALBEGRIFF 28 (GLOBAL SCOPE)
Beim 'global scope' steht eine Variable allen Funktionen des Programms über den Namen zur Verfügung.

Das Verfahren des 'global scope' wird meist zusammen mit dem 'local scope' in Programmiersprachen verwendet.

Local Scope

FUNDAMENTALBEGRIFF 29 (LOCAL SCOPE)
Beim 'local scope' steht eine Variable nur der Funktion zur Verfügung, in der sie definiert wurde.

Das Verfahren des 'local scope' wird meist zusammen mit dem 'global scope' in Programmiersprachen eingesetzt.

B.2 Auswirkung der Art der Symbolinterpretation auf die Programmierung

Für die Programmierung hat die Art der Symbolinterpretation folgende Auswirkungen.

Auswirkung von „Dynamic Scope" auf die Programmierung

Bei Anwendung des „dynamic scope"-Verfahrens werden aufgerufene Prozeduren in der Umgebung der aufrufenden Prozedur ausgeführt. Hier sind Funktionen und Prozeduren keine

„*closures*".[2]
Beim „dynamic scope"-Verfahren gibt es diese Verkapselung von Funktionen und den zu ihnen gehörenden Daten nicht. Funktionen haben keine eigene Umgebung.

Die Folge davon ist, dass man beim Lesen eines Programmtextes viel schwerer nachvollziehen kann, wie sich das Programm dynamisch verhalten wird, weil es außer den übergebenen Argumenten noch andere Schnittstellen zu anderen Funktionen gibt.

Ein besonderer Nachteil des „dynamic scope" ist, dass anonyme Prozeduren kaum sinnvoll eingesetzt werden können. Dies soll weiter unten noch anhand von einem Beispiel verdeutlicht werden.

Schließlich muss noch erwähnt werden, dass „dynamic scope" ein Prinzip verletzt, das die Logiker α-Konvertierung nennen. Nach diesem Prinzip darf sich die Bedeutung einer Funktion nicht ändern, wenn man formale Parameter einer Funktion umbenennt.[3]

Auswirkung von „Static Scope" auf die Programmierung

Bei diesem Verfahren gibt es echte „closures". Jede Funktion ist eine Verkapselung von ausführbarem Code mit den dazugehörigen Daten. Diese Daten stellen die Umgebung der Funktion dar, die von außen nicht modifizierbar ist.

Wegen des in Common-Lisp und Scheme mit dem „static scope" gekoppelten „indefinite extent" hat diese Umgebung auch keinen flüchtigen Charakter, sondern begründet einen Status der Funktion.

Das objektorientierte Paradigma ist in einer solchen Umgebung direkt anwendbar ohne ein nachträglich und künstlich aufgepfropftes Objektsystem zu Hilfe rufen zu müssen.

Verdeutlichung der Unterschiede von „dynamic scope" und „lexical scope" anhand von Beispielen

Die folgenden Beispiele sollen nicht als ausführliche Gegenüberstellung der beiden diskutierten Verfahren verstanden werden. Es geht nur darum, die zwei oben erwähnten Nachteile von „dynamic scope" zu veranschaulichen.

Anonyme Funktionen

Eine wichtige sprachliche Ausdrucksmöglichkeit in allen Lisp-Dialekten sind anonyme Funktionen, die auch als *Lambda-Ausdrücke* bezeichnet werden. Sie werden immer dort eingesetzt, wo Funktionen benötigt werden, deren Name unerheblich ist. Das folgende Beispiel zeigt eine solche Funktion, der kein Name zugewiesen wurde:

Listing B.1: Anonyme Funktion
```
(lambda (x y) (+ x y))
```

Die Funktion liefert als Resultat die Summe der beiden Argumente. Wollte man die gleiche Funktion mit Namen definieren, würde man dies in Emacs-Lisp folgendermaßen kodieren:

---
[2]Unter einer „closure" versteht man eine Art Verkapselung des Programm-Codes mit den dazugehörigen Daten. Diese Verkapselung besteht aus der Koppelung der Umgebung des Programmes, das die Funktion erzeugt (Konstruktor), mit dieser neu entstehenden Funktion. Von diesem Zeitpunkt an hat niemand anders Zugriff auf diese Umgebung als die mit ihr gekoppelte Funktion selbst. Als dynamische Schnittstelle dienen lediglich die Argumente der Funktion und der Return-Wert. Siehe auch die Definition von Closure im Abschnitt 1.1 auf Seite 2.
[3]Siehe Seite 134, Samuel N. Kamin, *Programming Languages*, Addison-Wesley, Reading, Massachusetts, 1990.

Listing B.2: Funktion in Emacs-Lisp

```
(defun add (x y) (+ x y))
```

Beide Definitionen würden in den beiden Scoping-Verfahren in gleicher Weise funktionieren. Unterschiede gibt es erst dann, wenn man in dem Lambda-Ausdruck freie Variable verwendet, d.h. Variable, die nicht in der Argumentenliste aufgeführt sind. Zur Verdeutlichung wird folgendes Beispiel vorgestellt und erläutert:

Listing B.3: Funktion mit freien Variablen in Emacs-Lisp

```
(defun add (x) (lambda (y) (+ x y)))
2
  (setq add1 (add 1))
4
  (defun fx (x) (funcall add1 x))
6
  (fx 10)
```

Allgemeine Erläuterung des Beispiels In Anlehnung an das erste Beispiel wird auch hier eine *Funktion „add"* definiert, die aber diesmal nicht beide für die Addition benötigten Argumente mitgegeben bekommt, sondern nur einen Operand (das x).
Da die Summe noch nicht ermittelt werden und als Resultat zurückgegeben werden kann, liefert die Funktion „add" bei ihrem Aufruf eine anonyme Funktion, die noch einen Parameter benötigt (das y), um die Addition endlich ausführen zu können.

In der zweiten Zeile wird die *Funktion „add"* mit dem Argument 1 aufgerufen. Durch diesen Aufruf wird eine anonyme Funktion erzeugt (sie wird in der Variablen „add1" für zukünftige Referenz festgehalten), die diese 1 zu dem von ihr benötigten Argument hinzuaddiert und diese Summe zurückliefert.

In der dritten Zeile wird die Funktion „fx" definiert, die einen Aufruf der über die Variable „add1" erreichbaren anonymen Funktion enthält.

In der letzten Zeile wird über den *Aufruf von fx* ein Test aller besprochenen Funktionen durchgeführt.

Ergebnis des Beispiels bei Anwendung von „lexical scope" Das gelieferte Resultat ist in diesem Fall wie erwartet 11.

Ergebnis des Beispiels bei Anwendung von „dynamic scope" Das gelieferte Resultat ist in diesem Fall 20. Was ist geschehen?

Das Problem beim dynamic Scope-Verfahren sind die freien Variablen; die Variablen, die nicht durch formale Parameter der Funktion gebunden sind. In unserem Fall ist dies die *Variable* x in dem innersten Lambda-Ausdruck der Funktion „add".

Beim „*lexical scope*"-Verfahren ergibt sich die Bedeutung dieser Variablen aus dem Kontext, in dem die Funktion definiert ist, d.h . das x erhält seine Bedeutung von dem äußeren Lambda-Ausdruck, in dem x als Argument definiert ist. In unserem Test-Beispiel hat dieses x durch den Aufruf der Funktion „add" den Wert 1 bekommen.

Bei Anwendung des „*dynamic scope*"-Verfahrens hat das x zwar auch ursprünglich durch den Aufruf von „add" den Wert 1 bekommen. Zur Zeit der Ausführung der anonymen Funktion aber gilt die Umgebung des aufrufenden Programmes, und in dieser Umgebung hat x den Wert 10 (vom Aufruf der Funktion fx in Zeile 7).

B.2 Auswirkung der Art der Symbolinterpretation auf die Programmierung

Das y hat den Wert 10, weil dieser Wert explizit über die einzelnen Funktionsaufrufe in die anonyme Funktion gelangt.

Anmerkung: Zum leichteren Verständnis sei darauf hingewiesen, dass der Aufruf der Funktion „*add*" in Zeile 3 das x nicht durch die 1 substituiert hat. Die von „*add*" als Ergebnis zurückgelieferte Funktion enthält nach wie vor den Ausdruck: (+ x y) mit der Referenz der Variablen x. Es wurde durch den Aufruf von „*add*" allerdings in die aktuelle Symboltabelle der Variablenname x mit dem dazugehörigen Wert 1 eingetragen. Das Problem beim „*dynamic scope*" liegt darin, dass dieser Eintrag in der aktuellen Symboltabelle nicht mehr beim Aufruf von „*add1*" in Zeile 5 gilt, sondern ein Anderer, nämlich jener, der durch den Aufruf von „*fx*" in Zeile 7 erzeugt wurde.

Alpha-Konvertierung

Das folgende Beispiel zeigt, dass das „*dynamic scope*"-Verfahren gegen das Gesetz der Alpha-Konvertierung aus dem Lambda-Kalkül verstösst.

Listing B.4: Beispiel ohne Alpha-Konvertierung

```
  (setq a 5)
2
  (defun f1 (x) (+ x a))
4
  (defun f2 (a) (f1 (+ a 10)))
6
  (f2 10)
```

Bei Anwendung des „*static scope*"-Verfahrens erhalten wir als Resultat 25, während das „*dynamic scope*"-Verfahren 30 liefert.

Das Problem liegt wiederum in den freien Variablen, in diesem Fall ist es die *Variable* a in der Funktion „*f1*". Wenn wir jetzt in der Funktion „*f2*" den Namen des formalen Parameters von a auf a1 abändern, dann bekommen wir überraschenderweise bei beiden Verfahren dasselbe Ergebnis, nämlich 25:

Listing B.5: Beispiel mit Alpha-Konvertierung

```
2 (setq a 5)

4 (defun f1 (x) (+ x a))

6 (defun f2 (a1) (f1 (+ a1 10)))

8 (f2 10)
```

Die Namensänderung des formalen Argumentes für die Funktion „*f2*" hat bewirkt, dass jetzt in beiden Fällen in der Funktion „*f1*" auf die *globale Variable* a zugegriffen wurde.

Schlusswort

In **A++** werden die *Elementarteilchen der Programmierung sichtbar gemacht*. Man kann diese studieren, man kann den richtigen Umgang mit ihnen einüben, man kann sich das wichtigste Rüstzeug der Programmierung aneignen.

Der zur Verfügung gestellte **ARS-Interpreter** möge in dieser Phase des Vertrautwerdens mit den Grundlagen der Programmierung hilfreich sein. Er zwingt Lernende, sich intensiv mit der *Bedeutung und Mächtigkeit der drei Prinzipien: Abstraktion, Referenz und Synthese* auseinanderzusetzen, da er außer den Primitivfunktionen für die Anzeige auf dem Bildschirm, dem Laden von ARS-Code aus einer Datei und dem Befehl zur Beendigung des Programms nichts weiter kennt und duldet.

Beim *Erstkontakt mit der Programmierung* über andere Programmiersprachen entfällt dieser Zwang, sich mit dem Wesentlichen intensiv auseinanderzusetzen. Man wird verleitet zu der Annahme, dass das Erlernen der Syntax einer Sprache das Vordringlichste sei.

Nach einer solchen intensiven Grundausbildung im Wesentlichen der Programmierung wird das **Erlernen von Programmiersprachen** wie *Scheme, Java, Python, C, C++* und anderen keine Schwierigkeiten bereiten.

Das Buch **Programmierung pur** widmet sich nicht nur ausführlich A++, sondern unternimmt auch erstmalig den Versuch, den Weg zum Erlernen der oben genannten Sprachen und deren Anwendung in der Praxis auf der Basis von A++ aufzuzeigen.

Biographische Daten zur Person des Autors

- **Studium** Philosophie und Theologie in Regensburg sowie Physik an der TH-München.
- Tätigkeit als **Leiter und Entwickler von Seminaren** an der "U.S.Army School Europe" in Lenggries (Communications Electronics) (3 Jahre), an der Programmierschule der Firma Honeywell, später Bull, in Frankfurt/M, bzw Eschborn/Ts ($15\frac{1}{2}$ Jahre) mit Einsatz in den Schulungszentren in Paris, Amsterdam und Eschborn sowie bei vielen Kunden. Ausübung derselben Tätigkeit im "Education Department" der Firma "Honeywell Federal Systems, Inc." in Reston, Va (ca. 5 Jahre).

  Die Seminartätigkeit bezog sich auf folgende Gebiete: verschiedene Assembler-Sprachen (DAP-16 und GMAP), FORTRAN, Systemprogrammierung für Groß-Rechner, Betriebssystemanalyse (Echtzeitbetriebssystem OP-16 und Mainframe-Betriebssystem GCOS8), Programmiersprache C, Systemprogrammierung für Unix und Methodik der Programmierung.

  In diese Zeit fällt die **Veröffentlichung des Buches** „*Logik der Strukturierung von Programmen*" (1980) in der Reihe Datenverarbeitung des R.Oldenbourg-Verlages. Im Zusammenhang mit dem Buch entstand ein Interpreter, der strukturierten Pseudo-Code in COBOL-74 übersetzt.

  Der Seminartätigkeit im beruflichen Bereich stand eine umfangreiche **Programmiertätigkeit** im privaten Bereich zur Seite. Diese erstreckte sich auf die Programmiersprachen Assembler, Pascal, C und C++.

- Tätigkeit als **Leitender Systemberater** im Software-Haus bei der Firma "Bull A.G." in Langen, Hessen ($8\frac{1}{4}$ Jahre).

  Hier lag der Schwerpunkt auf **Entwurf und Entwicklung von Software-Modulen** im Telekommunikationsbereich inklusive Implementierung in C, C++, Smalltalk, Lisp und Scheme. Auf privater Basis umfangreiche Programmiererfahrung in C, C++, Java und Scheme.

- Seit dem 1.1.1999 **unabhängige Tätigkeiten** in den Bereichen der Informatik, der Philosophie und der Religion. In diese Zeit fallen die **Arbeiten an dem Buch** '*Programmierung pur*', das sich bereits im Druck befindet, und an '*A++ — Die kleinste Programmiersprache der Welt*'.

Verzeichnis der Fundamentalbegriffe

1	Abstraktion	1
2	Referenz	2
3	Synthese	2
4	Closure	2
5	Lexical Scope	4
6	Klasse von Funktionen	38
7	Klassenvariable	38
8	Instanz einer Klasse	38
9	Exemplar einer Klasse	38
10	Objekt	38
11	Instanzvariable	38
12	Methoden von Objekten	38
13	Attribute von Objekten	38
14	Syntax eines Lambda-Ausdrucks	77
15	Assoziativitätsregel für die Abstraktion	77
16	Assoziativitätsregel für die Applikation	77
17	Gebundene und freie Variable	78
18	Alpha-Konvertierung	78
19	redex	78
20	Beta-Reduktion	79
21	Eta-Reduktion	79
22	Y-Kombinator	79
23	Dynamic Scope	87
24	Static Scope	88
25	Lexical Scope	88
26	Indefinite Extent	88
27	Dynamic Extent	88
28	Global Scope	88
29	Local Scope	88

Abbildungsverzeichnis

1.1	Definition einer "closure"	3
1.2	Aufruf einer "closure"	3
2.1	A++	7
2.2	Vorgegebene Primitiv-Abstraktionen für A++	10
2.3	A++ mit vorgegebenen Primitiv-Abstraktionen	11
2.4	A++ mit primitiven Werten und Operationen sowie typischen Abstraktionen	12
5.1	Klassenbegriff	34
5.2	Instanzbegriff	35
5.3	Klasse "account"	35
5.4	Konstruktor der Klasse "account"	36
5.5	Aufruf des Konstruktors "make-account"	37
5.6	Senden einer Botschaft an "acc1"	38
5.7	Ausführen der Methode "deposit"	39
5.8	Tierheim: Klassendiagramm	43
5.9	Bibliotheksverwaltung: Klassendiagramm	50
8.1	A++ — ARS++ — ARSAPI	74

Listings

3.1	Grundlegende logische Abstraktionen	13
3.2	Anwendung der grundlegenden logischen Abstraktionen	14
3.3	Erweiterte logische Abstraktionen	14
3.4	Anwendung der erweiterten logischen Abstraktionen	14
3.5	Abstraktion 'zero'	15
3.6	Abstraktion 'one'	15
3.7	Abstraktion 'two'	15
3.8	Abstraktion 'zerop'	16
3.9	Anwendung der Abstraktion 'zerop'	16
3.10	Abstraktion 'three'	16
3.11	Abstraktion 'compose'	16
3.12	Abstraktion 'add'	16
3.13	Anwendung der Abstraktion 'add'	16
3.14	Abstraktion 'succ'	17
3.15	Anwendung der Abstraktion 'succ'	17
3.16	Abstraktion 'mult'	17
3.17	Anwendung der Abstraktion 'mult'	17
3.18	Abstraktion 'lcons'	17
3.19	Abstraktion 'lcar'	18
3.20	Abstraktion 'lcdr'	18
3.21	Anwendung der Basis-Operationen für Listen	18
3.22	Abstraktion 'nil'	18
3.23	Beispiel für eine allgemeine Liste	18
3.24	Abstraktion 'nullp'	19
3.25	Anwendung der Abstraktion 'nullp'	19
3.26	Abstraktion 'llength'	19
3.27	Anwendung der Abstraktion 'llength'	19
3.28	Abstraktion 'remove'	19
3.29	Anwendung der Abstraktion 'remove'	20
3.30	Abstraktion 'zeropair'	20
3.31	Abstraktion 'pred'	20
3.32	Anwendung der Abstraktion 'pred'	20
3.33	Abstraktion 'sub'	21
3.34	Anwendung der Subtraktion	21
3.35	Abstraktion 'equalp'	21
3.36	Anwendung der Abstraktion 'equalp'	21
3.37	Abstraktion 'gtp'	21
3.38	Anwendung der Abstraktion 'gtp'	21
3.39	Abstraktion 'ltp'	22
3.40	Anwendung der Abstraktion 'ltp'	22
3.41	Abstraktion 'gep'	22
3.42	Anwendung der Abstraktion 'gep'	22

3.43	Abstraktion 'compose'	22
3.44	Abstraktion 'curry'	23
3.45	Abstraktion 'map'	23
3.46	Anwendung der Abstraktion 'map'	23
3.47	Abstraktion 'mapc'	24
3.48	Abstraktion 'filter'	24
3.49	Anwendung der Abstraktion 'filter'	24
3.50	Abstraktionen 'locate' und 'locatex'	25
3.51	Anwendung von 'locate' und 'locatex'	25
3.52	Abstraktion 'memberp'	25
3.53	Anwendung der Abstraktion 'memberp'	25
3.54	Abstraktion 'addelt'	25
3.55	Anwendung der Abstraktion 'addelt'	26
3.56	Abstraktion 'union'	26
3.57	Anwendung der Abstraktion 'union'	26
4.1	Abstraktion 'insert'	27
4.2	Anwendung der Abstraktion 'insert'	27
4.3	Abstraktion 'insertion-sort'	27
4.4	Anwendung der Abstraktion 'insertion-sort'	27
4.5	Abstraktion 'Fakultaet'	29
4.6	Anwendung der Abstraktion 'Fakultaet'	29
4.7	Abstraktion 'sum'	29
4.8	Anwendung der Abstraktion 'sum'	29
4.9	Abstraktion 'nth'	30
4.10	Anwendung der Abstraktion 'nth'	30
4.11	Abstraktion 'for-each'	30
4.12	Anwendung der Abstraktion 'for-each'	30
4.13	Abstraktion "while"	31
5.1	Erstes Beispiel: Klasse "account" für Bankkonten	40
5.2	Anwendung der Prozedur 'konto'	40
5.3	Basisklasse für alle Klassen	46
5.4	Tierheim: Klasse 'tier'	46
5.5	Tierheim: Klasse 'hund'	46
5.6	Tierheim: Klasse 'katze'	46
5.7	Tierheim: Klasse 'tierheim'	47
5.8	Tierheim: Testlauf	47
5.9	Tierheim: Ausgabeprotokoll des Testlaufs	48
5.10	Basisklasse für alle Klassen	51
5.11	Bibliotheksverwaltung: Klasse 'person'	51
5.12	Bibliotheksverwaltung: Klasse 'author'	52
5.13	Bibliotheksverwaltung: Klasse 'reader'	52
5.14	Bibliotheksverwaltung: Klasse 'book'	53
5.15	Bibliotheksverwaltung: Klasse 'library'	54
5.16	Bibliotheksverwaltung: Testlauf	55
5.17	Bibliotheksverwaltung: Ausgabeprotokoll des Testlaufs	56
7.1	Abstraktion 'ndisp!'	65
7.2	Abstraktion 'bdisp!'	65
7.3	Abstraktion 'ldisp!'	65
7.4	Testen des Interpreters	66
7.5	Testen des Interpreters	67
7.6	Initialisierungsdatei für den ARS-Interpreter: 'init.ars'	68
A.1	Lambda-Kalkül-Programmierung in Scheme-Codierung	81

A.2	Anwendung mit Beta-Reduktion: Addition	83
A.3	Anwendung mit Beta-Reduktion: Multiplikation	83
A.4	Anwendung mit Beta-Reduktion: Komposition	84
A.5	Anwendung mit Beta-Reduktion: Applikation	84
A.6	Anwendung mit Beta-Reduktion: Inkrementation	85
B.1	Anonyme Funktion	89
B.2	Funktion in Emacs-Lisp	90
B.3	Funktion mit freien Variablen in Emacs-Lisp	90
B.4	Beispiel ohne Alpha-Konvertierung	91
B.5	Beispiel mit Alpha-Konvertierung	91

Literaturverzeichnis

[AwJS96] Harold Abelson and Gerald Jay Sussman with Julie Sussman. *Structure and Interpretation of Computer Programs*. The MIT Press, Cambridge, Massachusetts, zweite edition, 1996.

[Bar81] H. Barendregt. *The Lambda Calculus – Its Syntax and Semantics*. North-Hollnad, Amsterdam, 1981.

[Cha96] Jacques Chazarain. *Programmer avec Scheme – De la pratique à la théorie*. International Thomson Publishing France, Paris, 1996. ISBN 2 84180 130 4.

[CM97] Peter Coad and Mark Mayfield. *Java Design – Building Better Apps & Applets*. Yourdon Press, Upper Saddle River, New Jersey, 1997.

[Jon87] Simon L. Peyton Jones. *The Implementation of Functional Programming Languages*. Prentice Hall International, Hertfordshire,HP2 7EZ, 1987. ISBN 0 13 453325 9.

[Kam90] Samuel N. Kamin. *Programming Languages – An Interpreter-Based Approach*. Addison-Wesley Publishing Company, Reading, Massachusetts, 1990. ISBN 0 201 06824 9.

[Loc03] Georg P. Loczewski. *Programmierung pur – Programmieren fundamental und ohne Grenzen*. S.Toeche-Mittler Verlag, Darmstadt, 2003. ISBN 3 87820 108 7.

[SF93] George Springer and Daniel P. Friedman. *Scheme and the Art of Programming*. The MIT Press, Cambridge, Massachusetts, 1993. ISBN 0 262 19288 8.

Index

Symbols
LaTeX, 4
TeX, 4

A
A++, 1
    Abstraktion, 1, 3
    Anzeige auf dem Bildschirm, 8
    define, 41
    Denkmuster, 3
    Erste Anwendung, 27
    Erste Entfaltung, 13
    Erweiterung, 8
    Grundoperationen, 1
    Imperative Programmierung, 30
    Infrastruktur, 65
    Interpreter, 65
    konstitutive Prinzipien, 1
    Lambda-Abstraktionen, 8
    Namensvergabe, 3
    Objekt-orientierte Programmierung, 33
    Primitiv-Operationen, 2
    Primitv-Abstraktionen, 8
    Referenz, 1
    Semantik, 5
    Sprachdefinition, 5
    sprachliche Strukturelemente, 1
    Support-Funktionen, 65
    Syntax, 5, 9
    Synthese, 1
    theoretische Grundlage für die funktionale Programmierung, 2
    theoretische Grundlage für die imperative Programmierung, 2
    theoretische Grundlage für die objektorientierte: Programmierung, 2
    vorgegebene Primitivoperationen, 8
Abbildung, 6
abstrakte Basisklasse, 44
Abstraktion, 1–3, 6, 93
Abstraktion für das Ende einer Liste, 18
Abstraktion für das Hinzufugen eines Elementes, 25
Abstraktion für das Pradikat 'gleich', 21
Abstraktion für das Pradikat 'groser als', 21
Abstraktion für das Pradikat 'groser gleich', 22
Abstraktion für das Pradikat 'kleiner als', 21
Abstraktion für das Pradikat 'memberp', 25
Abstraktion für das Pradikat 'nullp', 19
Abstraktion für das sortierte Einfugen in eine Liste, 27
Abstraktion für den Konstruktor, 17
Abstraktion für den Selektor, 18
Abstraktion für den Zugriff auf ein Element einer Liste, 29
Abstraktion für die 'curry map'-Funktion, 23
Abstraktion für die Abbildung einer Liste, 23
Abstraktion für die Addition, 16
Abstraktion für die Ausgabe einer Zahl, 65
Abstraktion für die Ausgabe eines bool'schen Wertes, 65
Abstraktion für die Ausgabe von Listen, 65
Abstraktion für die Auswahl aus einer Liste, 24
Abstraktion für die Dekrementierung, 20
Abstraktion für die Inkrementierung, 17
Abstraktion für die Iteration uber die Elemente einer Liste, 30
Abstraktion für die Langenabfrage, 19
Abstraktion für die Multiplikation, 17
Abstraktion für die Sortierung, 27
Abstraktion für die Subtraktion, 21
Abstraktion für die Suche nach einem Objekt in einer Liste, 24
Abstraktion für die Summation, 29
Abstraktion für die Vereinigung von Mengen, 26
Abstraktion zum Entfernen eines Objektes aus einer Liste, 19

Abstraktion, Referenz und Synthese im Detail, 59
Abstraktionen
    compose, 22
Abstraktionen fur Listen, 17
    Anwendung, 18
    lcar, 18
    lcdr, 18
    lcons, 17
    llength, 19
    nil, 18
    nullp, 19
    remove, 19
add, 16, 29
addelt, 25
Addition der zwei Zahlen 'two' und 'three', 59
Alonzo Church, 2, 4
Alpha-Konversion im Lambda-Kalkul, 62
Alpha-Konvertierung, 62, 63, 91
Anfanger, 3
Anonyme Funktionen, 89
Anwendung von A++
    Abstraktion fur den Zugriff auf ein Element einer Liste, 29
    Berechnung der Fakultat, 29
    for-each, 30
    Rekursion, 28
    sum, 29
Applikation, 6
ARS im Detail
    Abstraktion von 'add', 59
    Abstraktion von 'compose', 59, 61
    Abstraktion von 'mult', 61
    Abstraktion von 'three', 60, 61
    Abstraktion von 'two', 60, 61
    Addition der zwei Zahlen 'two' und 'three', 59
    Auflosung der Referenz von 'add' im Beispiel, 59
    Auflosung der Referenz von 'compose', 60, 61
    Auflosung der Referenz von 'mult', 61
    Auflosung der Referenz von 'three', 60
    Auflosung der Referenz von 'two', 60
    Auflosung der Referenz von 'two' und 'three', 61
    Konflikt zwischen einer freien und einer gebundenen Variablen, 62
    Multiplikation der zwei Zahlen 'two' und 'three', 61
    Regel der Alpha-Konvertierung, 63
    Synthese im Beispiel, 59, 60
    Synthese von (lambda(f g) ...) und 'two three', 61
    Synthese von (lambda(f) ...) und (lambda(x0) ...), 62
    Synthese von (lambda(f) ...) und 'x', 62
    Synthese von (lambda(m n) ...) und 'two three', 61
    Synthese von (lambda(x0) ...) und '(x(x(x x1)))', 62
    Synthese von (lambda(x0) ...) und 'x1', 62
    Synthese von 'add' und 'two three', 59
    Synthese von 'mult' und 'two three', 61
    Umbenennung von Variablennamen, 63
ARS++, 73
    Compiler, 73
    Funktionalitat von Scheme, 73
    Implementierung, 73
    virtuelle Maschine, 73
ARS-basierte Programmierung, 65
ARS-Code, 93
ARS-Interpreter, 65, 67
ARSAPI, 74
arsc.tar.gz, 66, 67
arscint, 66
arscint.exe, 67
ARSCOMP, 73
ARSVIM, 73
Attribute, 33
Attribute des Objektes, 41
Aufbau eines Konstruktors, 41
Ausfuhrung von Anweisungen, 30
Ausrufezeichen, 8
Auswertung von Ausdrucken, 30
Auswirkung von Static Scope, 89
Auswirkung von Dynamic Scope, 88

B

base-object-class, 43
bdisp, 65
Bedeutung von dynamic scope, 87
Beispiel zur Objektorientierung, 41
Beispiele zur Syntax von A++, 6
Bildung von Klassen, 33

C

C, 3, 66, 93
C++, 3, 66, 93
Chazarain, Jacques, 80
Church Numerals, 15
Church, Alonzo, 4

INDEX

Closure, 2, 4, 89
closure: Verkapselung einer Funktion mit ihrer Umgebung, 41, 93
Common Lisp, 88, 89
compose, 16, 22
curry , 23
Curry, H. B., 23
Cygwin, 67

D

define, 41
Denken
    einfach, 2
    machtig, 2
    umnfassend, 2
Denkmuster, 2, 3
deposit, 36
double-quoted-string, 65
DOWHILE-Konstrukt, 31
dynamic scope, 4

E

EBNF-Notation, 5
Effizienz, 3
einfach, 2
Elementarteilchen der Programmierung, 1, 93
Elemente der Objekt-Orientierung, 45
Entfaltung der ARS-basierten Programmierung, 73
environment frame, 3
equalp, 21
equalx, 8, 65
Erlernen von neuen Programmiersprachen, 3
Erlernen von Programmiersprachen, 93
Erste Anwendung von A++, 27
Erstkontakt mit der Programmierung, 93
Erweiterte arithmetische Abstraktionen, 20
Erweiterte logische Abstraktionen, 14
    land, 14
    lnot, 14
    lor, 14
Erweiterung von A++, 73
Exemplar einer Klasse, 33

F

Fakultat, 29
Fallstudien, 3
false, 13
filter, 24
Flexibilitat, 3

for-each, 30
freie Variable, 90
Funktion hoherer Ordnung, 22
Funktionale Programmiersprachen, 3
Funktionale Programmierung, 3
funktionale Programmierung, 30
funktionaler Programmierstil, 22
Funktionen hoherer Ordnung
    curry , 23
    filter, 24
    locate, 24
    map , 23
    mapc, 23
Funktionen hoherer Ordnung , 22
Funktionsaufruf, 6

G

GambitC, 4
Garbage-Collector, 67
gc6.0.tar.gz, 66, 67
gep, 22
Gerald J. Sussman, 2
ghostview, 4
global scope, 4
Grundausbildung im Wesentlichen der Programmierung, 93
Grundlagen der Programmierung, 3, 93
Grundlegende logische Abstraktionen, 13
    false, 13
    lif, 13
    true, 13
gtp, 21
Gultigkeitsbereich von Namen
    Alpha-Konvertierung, 91
    Anonyme Funktionen, 89
    Auswirkung von Static Scope, 89
    Auswirkung von Dynamic Scope, 88
    Bedeutung von dynamic scope, 87
    Closure, 89
    Common Lisp, 88, 89
    freie Variable, 90
    Herkunft von dynamic scope, 87
    Interpretation von Namen, 87
    Lisp, 87
    McCarthy, 87
    Nachteil von "dynamic scope", 87, 89
    objektorientiertes Paradigma, 89
    Problem beim Dynamic-Scope, 90
    Scheme, 89
    static scope, 87

H

Harold Abelson, 2
Herkunft von dynamic scope, 87

I

Imperative Programmierung
    Nebeneffekte, 31
    Schleifentechnik, 31
    while, 31
Imperative Programmierung in A++, 3, 30
incr, 8, 65
indefinite extent, 4, 41
Infrastruktur fur A++, 65
Initialisierung der Objekte, 41
Initialisierungsdatei fur den ARS-Interperter, 68
insert, 27
insertion-sort, 27
Installation des ARS-Interpreters, 67
Installation des Garbage-Collectors, 67
Instanz einer Klasse, 33, 34, 41
Instanzvariable, 33
Interpretation von Namen, 87
Iteration, 31

J

Java, 3, 66, 93

K

Klasse, 34
Klassen, 33
Klassenbildung, 41
Klassenvariable, 33
Kompilation des Interpreters, 67
Kompilation des Interrpreters, 66
komplexes Regelwerk, 2
Konflikt zwischen einer freien und einer gebundenen Variablen, 62
Konstruktor, 34, 41

L

Laden von ARS-Code, 93
Lambda-Abstraktion, 3, 41
Lambda-Ausdruck, 3
Lambda-Ausdrucke, 31
Lambda-Kalkul, 4, 15
    Abstraktion, 3
    Alonzo Church, 2
    Alpha-Konvertierung, 78
    Anwendung
        Addition, 83
        Applikation, 84
        Composition, 84

Inkrementation, 85
Multiplikation, 83
Anwendung mit Beta-Reduktion, 83
Applikation, 77
applikative Substitutionsmethode, 80
Assoziativitatsregeln, 77
befreiende Wirkung, 2
Beta-Reduktion, 78, 80
Curry, H., 79
Eager Evaluation, 80
Eta-Reduktion, 79
freie Variable, 78
gebundene Variable, 78
Lambda-Abstraktion, 3
Lambda-Ausdruck, 3
Lazy Evaluation, 80
Namensvergabe, 3
normale Substitutionsmethode, 80
Programmierung in Scheme Codierung
    =ZERO?, 81
    ADD, 81
    COMPOSE, 81
    FALSE, 81
    LCAR, 81
    LCDR, 81
    LCONS, 81
    MULT, 81
    ONE, 81
    PRED, 81
    print-int, 81
    SUB, 81
    SUCC, 81
    THREE, 81
    TRUE, 81
    TWO, 81
    ZERO, 81
    ZEROPAIR, 81
redex, 78
reduction-normale, 80
reduzierbarer Ausdruck, 78
Regeln des LC, 77
Sicht der Programmierung, 2
Substitutionsmethode, 80
Syntax eines Lambda-Ausdrucks, 77
Synthese, 3
term-rewriting, 80
theoretische Grundlage fur die funktionale Programmierung, 2
Verallgemeinerung des , 2
Y-Kombinator, 79

INDEX

land, 14
lcar, 18
lcdr, 18
lcons, 17
ldisp, 65
lexical scope, 2, 4, 41
libscheme, 4
lif, 13
Linux, 4, 66
Lisp, 87
Listen, 17
llength, 19
lnot, 14
load, 8, 65
local scope, 4
locate, 24
lor, 14
ltp, 21

M

machtig, 2
make-account, 36
map , 23
mapc, 23
mathematische Programmverifikation, 30
McCarthy, 4, 87
memberp, 25
Mengen-Operationen, 25
    addelt, 25
    memberp, 25
    union, 26
Methoden, 33
MIT, 2
MS-Windows, 67
mult, 17
Multiplikation der zwei Zahlen 'two' und 'three', 61
Muschel: Symbol for eine 'closure', 93
Muster der Programmierung, 3

N

Nachteil von "dynamic scope", 89
Namensvergabe, 3
ndisp, 65
Nebeneffekte, 31
Nebenwirkungen, 8, 30
nil, 18, 29
nth, 29
nullp, 19, 29
Numerische Abstraktionen, 15
    add, 16
    mult, 17

one, 15
pred, 20
sub, 21
succ, 17
three, 16
two, 15
zero, 15
zerop, 16
zeropair, 20

O

Objek-Orientierung, 33
Objekt, 33, 34, 41
Objekt-orienterte Programmierung
    Polymorphismus, 45
    Vererbung, 45
    Verkapselung, 45
Objekt-orientierte Programmierung, 3, 33
    abgeleitete Klassen, 44
    abstrakte Basisklasse, 44
    Attribute des Objektes, 41
    Aufbau eines Konstruktors, 41
    Ausnahmesituation, 45
    Beispiel, 41
    Beispiel mit Vererbung, 42
    Beziehungen zwischen Klassen, 45
    Bibliotheksbeispiel, 49
    deposit, 36
    Hat-Relation, 45
    Implementierung von Vererbung, 44
    Initialisierung der Objekte, 41
    Instanz einer Klasse, 34, 41
    Ist-Relation, 45
    Klasse, 34
    Klassenbildung, 41
    Konstruktor, 34, 41
    make-account, 36
    Methode 'self', 41
    Objekt, 34, 41
    Ruckgabewert des Konstruktors, 41
    self, 41
    Senden einer Botschaft, 36
    ubergeordnete Klassen, 45
    untergeordnete Klassen, 44
    Vererbung durch Delegieren, 44
    Vererbungshierarchie, 34
Objektorientierte Programmierung in A++, 31
Objekt-Orientierung, 2, 33, 45
Objekt-orientierung
    Basisklasse fur alle Klassen, 45, 51

Bibliotheksverwaltung: Ausgabeprotokoll des Testlaufs, 56
Bibliotheksverwaltung: Klasse 'author', 52
Bibliotheksverwaltung: Klasse 'book', 53
Bibliotheksverwaltung: Klasse 'library', 54
Bibliotheksverwaltung: Klasse 'person', 51
Bibliotheksverwaltung: Klasse 'reader', 52
Bibliotheksverwaltung: Testlauf, 55
Tierheim: Ausgabeprotokoll des Testlaufs, 48
Tierheim: Klasse 'hund', 46
Tierheim: Klasse 'katze', 46
Tierheim: Klasse 'Testlauf', 47
Tierheim: Klasse 'tier', 46
Tierheim: Klasse 'tierheim', 47
objektorientiertes Paradigma, 89
one, 15
Operationen fur Listen, 18

P

Paradigmen der Programmierung, 3, 31
Polymorphismus, 45
Pradikat 'zerop', 16
praxisgerechte Programmierung, 31
Primitivoperationen, 1
Primitivoperationen in A++, 2
Primitv-Abstraktionen, 8, 73
print, 8, 65
Prinzipien in A++, 3
Problem beim Dynamic-Scope, 90
Programmabsturze, 30
Programmierer, 3
Programmierpraxis, 3
Programmiersprache
    komplexes Regelwerk, 2
    Scheme, 4
Programmiersprachen, 1
    C, 3, 66, 93
    C++, 3, 66, 93
    Java, 3, 66, 93
    Python, 3, 66, 93
    Scheme, 3, 66, 93
Programmierung, 1
    Strukturierte Programmierung, 31
    Anfanger, 3
    ARS-basierte Programmierung, 65, 73
    Bildung von Klassen, 33

das Wesentliche, 1, 93
DOWHILE-Konstrukt, 31
Elementarteilchen, 93
Elementarteilchen , 1
Erlernen der Syntax, 93
Erlernen von konkreten Programmiersprachen, 1
Erstkontakt, 93
Funktionale , 3
Grundlagen, 93
Grundlagen der , 3
Imperative, 3
Imperative Programmierung, 30
Iteration, 31
Muster der, 3
Nebeneffekte, 31
Nebenwirkungen, 30
Neigung, 3
Objekt-orientierte , 3
Objekt-orientierte Programmierung, 33
personliche Eignung, 3
Programmiersprache , 2
Programmierung pur, 15
Programmschleife, 31
Regeln , 2
Rekursion, 28, 29, 31
Rustzeug der Programmierung , 1
Schleifentechnik, 31
Vereinfachung , 2
Vorschriften , 2
wesentliche Operationen, 59
Programmierung pur, 3, 15, 65, 74, 93
Programmschleife, 31
psutils, 4
Python, 3, 4, 66, 93

Q

quit, 8, 65

R

Referenz, 1, 2, 93
Rekursion, 28, 29, 31
rekursiv, 29
Relationale Abstraktionen, 21
    equalp, 21
    gep, 22
    gtp, 21
    ltp, 21
remove, 19
robustere Programme, 30

S

INDEX

S.Toeche-Mittler Verlag, 4
Scheme, 3, 66, 93
Scheme-Implementierungen, 4
Schleifentechnik, 31
scope, 4
self, 41
Semantik von A++, 5
Senden einer Botschaft, 36
sicherere Programme, 30
SICP, 2
side effects, 30
single-quoted-string, 65
Sprachdefinition, 5
Sprachenunabhangigkeit, 3
static scope, 4, 87
Steele, Guy L., 4
Strukturierte Programmierung, 31
sub, 21
succ, 17
sum, 29
Support-Funktionen, 65
Sussman, Gerald J., 4
Syntax, 9
Syntax von A++, 5
Synthese, 1–3, 6, 93

T

Testen des Interpreters, 66, 67
teTeX, 4
theoretische Grundlage, 2
three, 16
true, 13
two, 15

U

Umgebung, 3
umnfassend, 2
union, 26
Unterschiede von "Dynamic Scope" und "Lexical Scope" anhand von Beispielen, 89
Utility-Abstraktionen, 27
    compose, 16
    insert, 27
    insertion-sort, 27

V

Verallgemeinerung des Lambda-Kalkuls, 2
Vererbung, 45
Vererbungshierarchie, 34
Verkapselung, 2, 45
vmfalse, 8, 65
vmtrue, 8, 65
vmzero, 8, 65
vorkompilierter Interpreter, 66, 67

W

while, 31

X

XFree86, 4

Z

Zahl 0, 15
Zahl 1, 15
Zahl 2, 15
Zahl 3, 16
Zahlen, 15
zero, 15, 29
zerop, 16
Zielgruppe des Buches, 3

Danksagung:

Dieses Buch wurde auf dem PC erstellt mithilfe *qualitativ erstrangiger Software-Tools, die von* **großen Idealisten** *der Welt* **frei** *zur Verfügung gestellt* wurden. Die primären Werkzeuge[4] sind:

1. Das 1982 von *Donald E. Knut* veröffentlichte Textsatzsystem T_EX und das 1984 von *Leslie Lamport* dazu entwickelte Makropaket **LaT_EX**.
2. Die von *Thomas Esser (Universität Hannover)* für Linux erstellte Implementierung des Tex/Latex-Systems **teTeX**.
3. Das von *Linus Thorvalds (Universität Helsinki)* 1991 geschaffene PC-Betriebssystem **Linux**.
4. Das *X Xindow System* für Linux **XFree86** mit den vielfältigen Window-Managern und Desktop-Environments (z.B. **fvwm**, **SuSE-Desktop**, **kde**, **gnome**).
5. Die programmierbaren Texteditoren **elvis** und **vim**, die von *Steve Kirkendall* bzw. von *Bram Moolenaar* entwickelt wurden.
6. Die von *Brian Fox (Free Software Foundation)* und von *Chet Ramey (Case Western Reserve University)* erstellte **bash** (Bourne Again Shell).
7. Das von *Tomas Rokicki (Stanford University)* erstellte Konvertierungsprogramm **dvips** zum Erstellen eines Postscript-Dokumentes aus den von T_EX gelieferten dvi-Dokumenten und die von *Angus J.C. Duggan* zum Manipulieren von Postscript-Dokumenten (Skalieren der Seiten, Anordnung der Seiten in Faszikeln, etc.) erstellten Werkzeuge **psutils**.
8. Das von *Timothy O. Theisen (University of Wisconsin-Madison)* erstellte Programm **ghostview** zum Visualisieren und Drucken von Postscript-Dokumenten.
9. Das von *Carsten Heinz* erstellte LaT_EX-Makro-Paket **listings.dtx** zum Formatieren von Programmlisten für die meisten Programmiersprachen.
10. Das von *Nikos Drakos (University of Leeds)* ursprünglich erstellte und von *Ross Moore (Macquerie University, Sydney)* sowie *Marek Rouchal (Infineon Technologies AG, München)* weiterentwickelte Programm **latex2html**, mit dem auch komplizierte LaT_EX-Dokumente in HTML übersetzt werden können.

Georg P. Loczewski
www.lambda-bound.de
gpl@lambda-bound.de

---

[4]Implizit sind noch viele andere Programme beteiligt, die zu dem Gesamtsystem gehören, aber nicht explizit aufgelistet werden können.

Mit diesem Büchlein lernen Sie eine Programmiersprache kennen, die *an Minimalismus nicht zu übertreffen* ist. Ihr einziger Zweck ist es, an der Programmierung Interessierten zu helfen, so *schnell und effizient wie nur möglich das Wesentliche der Programmierung zu erfassen*.

Ein vom Autor zur Verfügung gestellter *Interpreter* soll dabei behilflich sein, das Gelernte anzuwenden und zu testen.

In *keiner anderen Programmiersprache* werden Lernende gezwungen sich mit dem Wesentlichen der Programmierung so intensiv auseinanderzusetzen wie in A++. Der Vorteil dieses rigorosen Vorgehens besteht darin, daß *in kurzer Zeit Denkmuster eingeübt* werden, die einen befähigen, sich müheloser in die großen populären Programmiersprachen einzuarbeiten und in diesen *in kurzer Zeit produktiv* zu werden.

Beim Umsetzen der mittels A++ erworbenen Programmierfähigkeiten auf die populären Programmiersprachen Java, C++, C, Python und Scheme will das in demselben Verlag erschienene Buch 'Programmierung pur' eine Hilfe sein. Mit mehreren *umfangreichen Fallstudien* ist in 'Programmierung' pur der Bezug zur Programmierpraxis sicher gestellt.

Das Buch wendet sich an alle Personen, die sich mit dem Erlernen der Kunst der Programmierung befassen. Dies sind vor allem Lehrende und Lernende an Hochschulen und den Oberstufen von Gymnasien in den Fachbereichen der Informatik, der Mathematik und der Physik. Dazu gehören aber auch Trainer und Ausbilder, sowie Programmierer der Industrie.

A++
Die kleinste Programmiersprache der Welt
www.alpha-bound.de
www.tredition.de

www.ingramcontent.com/pod-product-compliance
Lightning Source LLC
Chambersburg PA
CBHW071210240526
45470CB00018B/1698